Schreier/Schreier · Thomas A. Edison

1 Thomas Alva Edison im Alter von 40 Jahren

Biographien
hervorragender Naturwissenschaftler,
Techniker und Mediziner   Band 23

Thomas Alva Edison

Dr. sc. nat. Wolfgang Schreier
und Hella Schreier †, Leipzig

4. Auflage

Mit 10 Abbildungen

BSB B. G. Teubner Verlagsgesellschaft · 1987

Herausgegeben von
D. Goetz (Potsdam), I. Jahn (Berlin), E. Wächtler (Freiberg),
H. Wußing (Leipzig)
Verantwortlicher Herausgeber: D. Goetz

Schreier, Wolfgang:
Thomas Alva Edison / Wolfgang Schreier u. Hella
Schreier. – 4. Aufl. – Leipzig : BSB Teubner, 1987. –
110 S. : mit 10 Abb.
(Biographien hervorragender Naturwissenschaftler,
Techniker und Mediziner ; 23)
NE: 2. Verf.: ; GT

ISBN 978-3-322-00401-7   ISBN 978-3-322-84407-1 (eBook)
DOI 10.1007/978-3-322-84407-1

Biogr. hervorrag. Nat.wiss. Techn. Med., Bd. 23
ISSN 0232-3516
© BSB B. G. Teubner Verlagsgesellschaft, Leipzig, 1987
4. Auflage
VLN 294-375/112/87 · LSV 3008
Lektor: Dr. Hans Dietrich
Lichtsatz: INTERDRUCK Graphischer Großbetrieb Leipzig – III/18/97
Bestell-Nr. 665 776 1

00600

Inhalt

Nordamerika und die Erfinder

Edisons schöpferische Lebenszeit fiel in eine stürmische Periode der Geschichte der USA. Nachdem sich das nordamerikanische Volk in dem revolutionären Krieg von 1775 bis 1783 die Unabhängigkeit erkämpft hatte, vollzog sich in der ersten Hälfte des 19. Jahrhunderts in den nordöstlichen Bundesstaaten die industrielle Revolution, während im Süden und Südwesten das auf Sklavenarbeit beruhende Plantagensystem weiter ausgedehnt und ausgebaut wurde. Im Gegensatz dazu entstanden in den Weiten des Nordwestens Hunderttausende von kleinen Farmwirtschaften, durch die eine kapitalistische Entwicklung der Landwirtschaft in diesen Gebieten eingeleitet wurde. Dabei wurden im gesamten Land die Ureinwohner, die Indianer, immer weiter nach Westen abgedrängt und grausam dezimiert.

Die rasche industrielle Entwicklung im Norden führte durch das System der freien Lohnarbeit zur Herausbildung der beiden Hauptklassen des Kapitalismus, der Bourgeoisie und des Proletariats. Dagegen war die auf der Sklaverei fußende Wirtschaft im Süden einseitig auf die Erzeugung von Baumwolle ausgerichtet, die größtenteils nach England exportiert wurde. Da die Plantagenbesitzer Industriegüter auch vorwiegend aus England importierten, wurde die Industrialisierung im Süden gehemmt, und mit dem industriellen Binnenmarkt im Norden bestanden nur lose Verbindungen.

Diese wirtschaftlichen Disproportionen, der unversöhnliche Widerspruch zwischen den mit dem System der freien Lohnarbeit verbundenen republikanischen Bestrebungen im Norden und der auf Erhaltung der Sklaverei bedachten Politik der Plantagenbesitzer führten zum Abfall der Südstaaten und lösten den Bürgerkrieg von 1861 bis 1865 aus. Mit dem Sieg der Industriestaaten des Nordens wurde die Sklaverei formal aufgehoben, der Negerbevölkerung elementare Bürgerrechte jedoch bis in unsere Tage vorenthalten; aber die Schranken für die Ausbreitung des Kapitalismus waren beseitigt, Nordamerikas Reichtum an Bodenschätzen wie Kohle, Eisen, anderen Erzen, Erdöl und Gold begünstigte die industrielle Entwicklung, die einen raschen Ausbau des Verkehrsnetzes und des Nachrichtenwesens erforderte. Das wirkte sich wiederum günstig auf die Erweiterung eines stabilen inneren Marktes aus. Vermehrter Kapitalzufluß aus Europa und die Übernahme der Errungenschaften der in der Technik führenden europäischen Länder stimulierten den Industrialisierungsprozeß, der widersprüchlich, aber schnell verlief und binnen kurzem eine verstärkte Konzentration der Produktion mit sich brachte und eine zunehmende Zentralisation des Kapitals zur Folge hatte. Obwohl die USA erst um 1850 in den internationalen Wettbewerb der führenden Industrieländer England, Frankreich und Deutschland eintraten, waren sie schon in den achtziger Jahren zur stärksten kapitalistischen Macht mit der größten industriellen Produktion geworden.

An diesem raschen Aufschwung hatten Erfinder einen nicht unbedeutenden Anteil. Seit dem 18. Jahrhundert wanderten verstärkt Bauern, Landarbeiter, Handwerker aus europäischen Ländern, vornehmlich aus England, ein, in denen die Industrialisierung weiter fortgeschritten war. Das waren neben einer Minderzahl von Abenteurern hauptsächlich wagemutige und tatkräftige Menschen, die ihrem Fleiß und ihren Fähigkeiten entsprechende rasche wirtschaftliche Erfolge erhofften, die ihnen im Heimatland durch die dort herrschenden sozialökonomischen Verhältnisse verwehrt worden waren. Trotzdem fehlte es durch die Eroberung und Inbesitznahme neuer Gebiete im Westen der USA ständig an Arbeitskräften sowohl für die Landwirtschaft im Nordwesten als auch für die entstehende Industrie. So war man in allen Wirtschaftszweigen gezwungen, Maschinen und Geräte zu konstruieren, die Arbeitszeit und -kräfte einsparten.

Auch waren die Bedürfnisse der ständig wachsenden Bevölkerung ein objektiver Faktor für die Entwicklung der Produktivkräfte. Für die mit den Problemen der Arbeitstechnik Vertrauten eröffnete sich hier ein weites Betätigungsfeld. Da das diesen Verhältnissen angepaßte amerikanische Patentgesetz im Gegensatz zu den Patentgesetzen europäischer Länder auch kleine Verbesserungen und Vervollkommnungen schützte, wurden viele ermuntert, ihr Talent zu erproben. So nahm das auf Erfahrung und Probieren beruhende Erfindungswesen einen breiten Raum ein, während die Entwicklung der Naturwissenschaften in Amerika bis zur Mitte des 19. Jahrhunderts nur langsam voranging. Diese Erfinder kamen aus den verschiedensten Berufen, hatten also nur begrenzte wissenschaftliche Kenntnisse, konnten aber durch ihre Geschicklichkeit, ihre schöpferischen Fähigkeiten und ihr Einfühlungsvermögen beim Konstruieren von Mechanismen und Geräten für den technischen Fortschritt in der Periode der ausgehenden industriellen Revolution große Dienste leisten. Bereits auf der Londoner Weltausstellung 1851 erregten die neuen landwirtschaftlichen Maschinen aus den USA Aufsehen. Auch besonders gebrauchsfähige elektrische Nachrichtengeräte wurden in Amerika konstruiert.

Daran beteiligten sich vor allem der Kunstmaler Samuel F. B. Morse, der Taubstummenlehrer Alexander Graham Bell und als vielseitigster unter den Erfindern der ehemalige Telegraphist Thomas Alva Edison. Sein Einsatz für den technischen Fortschritt, sein Reagieren auf Bedürfnisse der Gesellschaft und seine Auseinandersetzungen mit kapitalistischen Unternehmern sind ein beredter Ausdruck für die widersprüchliche industrielle Entwicklung beim Übergang zum Monopolkapitalismus. Insbesondere durch den Aufbau des ersten Elektroenergieverteilungssystems schuf er Elemente einer neuen Technik, die die Produktion revolutionierten (Karl Marx). Damit gab Edison den Anstoß zur Entstehung der Elektroindustrie, die Lenin als typisch für die weltweite Konzentration der Produktion im Imperialismus charakterisierte.

Ein erfinderischer Junge

Edisons Vorfahren waren holländische Müller vom Suidersee, die 1730 nach Amerika auswanderten und am Passaic River in New Jersey siedelten. Um 1776 hatte die Familie einigen Wohlstand erlangt. Von ihren männlichen Mitgliedern ist überliefert, daß sie allesamt von beträchtlicher Statur waren, ein sehr hohes Alter erreichten, außergewöhnliche körperliche Leistungsfähigkeit und ein ausgeprägtes Streben nach wirtschaftlicher Selbständigkeit besaßen.

Edisons Urgroßvater John stand im Unabhängigkeitskrieg auf englischer Seite. Der angesehene Farmer verlor dadurch alle Sympathie seiner Mitbürger und floh mit seiner Familie nach New York, wo er sich den englischen Truppen anschloß, von den Aufständischen gefangengenommen und nach einjähriger Haft zum Tode verurteilt wurde. Seine Frau und sein Bruder (oder Cousin) Thomas Edison erreichten schließlich seine Freilassung auf Ehrenwort. Aber auch nach dem Sieg erkannte John Edison die Unabhängigkeit der Vereinigten Staaten nicht an und wurde mit 35000 anderen Englandtreuen, seiner Frau und 7 Kindern auf die kanadische Halbinsel Nova Scotia verbannt.

Sein ältester Sohn, Samuel, war bei der Verbannung 16 Jahre alt. Er heiratete in Nova Scotia Nancy Simpson. 1804 wurde Samuel Edison junior, der Vater Thomas Alva Edisons, geboren. 7 Jahre später übersiedelte die Familie nach Port Burwell am Huronsee in Kanada und gründete dort ein Dorf namens Vienna, in dem sie Straßen, eine Schule und einen Friedhof anlegten. 1812 half Samuel senior als Hauptmann einer kanadischen Truppe erfolgreich den Versuch der Vereinigten Staaten abwehren, Kanada zu okkupieren. 1814 starb John Edison.

Samuel Edison junior eröffnete in Vienna einen Gasthof. 1828 heiratete er Nancy Elliot, die hübsche, sensible Lehrerin des Dorfes, die einer Familie von Quäkern und Predigern entstammte. Entgegen den politischen Anschauungen seines Großvaters und seines Vaters kämpfte er 1837 in einer Revolte gegen die kanadische Regierung für ein Gesetz, das keine Besteuerungsbeschlüsse des Parlaments ohne

Mitwirkung der ehemals amerikanischen Bürger in Kanada mehr zuließ. Er stellte seinen Gasthof für konspirative Versammlungen zur Verfügung und wurde zum Hauptmann einer Rebellenbande gewählt, die die Regierungsgewalt in Toronto an sich zu bringen suchte. Als Samuel Edison vom Scheitern der Revolution erfuhr, floh er nahezu 300 km durch die kanadischen Urwälder zur amerikanischen Grenze, verfolgt von kanadischen Militärsuchtrupps, denen er knapp entging. Von Detroit aus unterstützte er zwei weitere Revolten gegen Kanada.

Bei einer Wanderung um den Eriesee schien ihm Milan, ein Dorf an einem Kanal, alle Voraussetzungen für eine neue Heimat zu bieten. Zu jener Zeit war die Ohio-Eisenbahn noch nicht gebaut, und Milan war der Umschlagplatz für die vor allem landwirtschaftlichen Produkte von ganz Nordohio und dem fruchtbaren Tal des Huronstromes. Samuel Edison begann Dachschindeln herzustellen und zu verkaufen. Er baute ein Häuschen und ließ 1839 in aller Heimlichkeit seine Frau mit den Kindern aus Kanada kommen.

In diesem Häuschen am Kanal von Milan wurde am 11. Februar 1847

2 Edisons Geburtshaus

ein weiterer Sohn geboren, der seine Vornamen Thomas nach jenem Verwandten erhielt, der seinen Urgroßvater vom Todesurteil erlöste, und Alva nach dem furchtlosen Kapitän, der Nancy Edison mit ihren Kindern 8 Jahre zuvor über den Huronsee nach Amerika gebracht hatte. Sein erster Lehrer hielt nichts von seinen geistigen Fähigkeiten, bezeichnete ihn vielmehr als verträumt, verspielt und faul. Seine Mutter, die bei diesem Kind von klein auf aus jeder Handlung und aus jedem gesprochenen Satz auf ungewöhnliche Gaben schloß, nahm ihn nach 3 Monaten wieder aus der Schule und unterrichtete ihn selbst, für die ehemalige Lehrerin mehr Freude als Mühe. Im gemeinsamen Lernen entstand eine ganz tiefe, innige Verbundenheit zwischen den beiden, ein zärtliches Verständnis füreinander. Rief die Mutter ihn zu den Unterrichtsstunden, verließ er seine Freunde widerspruchslos mitten im aufregendsten Spiel, mochten sie ihn noch so hänseln oder beschimpfen. Als seine Mutter 1871 starb, litt Edison trotz der schon Jahre währenden Trennung so sehr, daß er lange Zeit nicht von ihr zu sprechen vermochte, und später nannte er stets zuerst ihre Güte und ihre verständnisvolle Führung als wesentliche Faktoren seines Erfolges.

Obgleich es der Familie in Milan nicht schlecht ging, verzog sie 1854 nach Port Huron am Huronsee. Samuel Edison sah voraus, daß der geplante Bau einer zweiten Eisenbahnlinie entlang des Eriesees den Hafen von Milan und damit alle geschäftlichen Entwicklungsmöglichkeiten lahmlegen würde.

Von der Mutter lernte Edison, wie man die Menschen, ihr Handeln, die Natur im Buch erleben und begreifen kann, und die früherworbene Leseleidenschaft ließ ihn nie mehr los. Schon mit 9 Jahren versuchte er die in Parkers „Schule der Naturphilosophie" beschriebenen Experimente nachzumachen, mit 11 begann er sich ernsthaft mit der Chemie und dem Experimentieren zu beschäftigen. Wie die meisten Experimentatoren dieses Alters interessierten ihn brennend die Vorgänge bei Stoffumwandlungen. In der Drogerie von Port Huron kaufte er von seinem Taschengeld allerlei Chemikalien, und da aus Mangel an Fachleuten jedermann sich auf allen möglichen Gebieten selbst helfen mußte, war es verhältnismäßig leicht für ihn, sich Kupfer, Draht und Zink zum Bau Voltascher Batterien und anderes Material zum Experimentieren zu beschaffen.

Für seine Chemikalien und anderes Experimentiermaterial reichte das kleine Taschengeld, das ihm die Mutter gab, nicht aus. Deshalb

trachtete er, selbst Geld zu verdienen, nicht, weil er ein armer Junge war, wie manchmal behauptet wird. Die Familie Edison gehörte dem aufsteigenden amerikanischen Kleinbürgertum an und war auf das Mitverdienen des Sohnes keinesfalls angewiesen. Trotzdem waren auch in Amerika Kinderarbeit und unregelmäßiger Schulbesuch genauso an der Tagesordnung wie in Europa zu jener Zeit. Außergewöhnlich waren allerdings die Mittel und Wege, auf die Edison verfiel, um zu Geld zu kommen. Im ersten Jahr baute er im Garten der Eltern 300 kg Gemüse an und verkaufte es in Port Huron auf dem Markt. Als zwischen Detroit und Port Huron eine Nebenlinie der Eisenbahn eingerichtet wurde, überzeugte er mit der ihm eigenen Beharrlichkeit zuerst die Eltern und dann die Eisenbahnverwaltung, daß er mit 12 Jahren keinesfalls zu jung sei, in den Zügen täglich etwa 14 Stunden Zeitungen und Süßigkeiten zu verkaufen. Diese nahm er aber nun nicht, wie gebräuchlich, in Kommission, sondern kaufte sie vom Erlös des Gemüsehandels, was seinen Gewinn beträchtlich erhöhte. Nach einigen Monaten eröffnete er zwei Läden in Port Huron, einen für Zeitschriften, den anderen für Gemüse und Früchte. Als Verkäufer stellte er zwei Jungen an, die er am Gewinn beteiligte. Ein weiterer Junge verkaufte gegen Entlohnung für ihn Zeitungen, Brot, Tabak und Süßigkeiten im Detroit-Expreß. Edison war nämlich auf eine neue Verdienstmöglichkeit gekommen. Er kaufte nun Gemüse und Obst auf den Märkten von Detroit, deren Angebot weit reichhaltiger und frischer war als auf dem Markt von Port Huron. An den Haltepunkten nahm er außerdem große Mengen Früchte und Butter zu niedrigen Preisen von den Farmersfrauen ab.
Im Packwagen des Zuges befand sich auch das Raucherabteil, das wegen seiner mangelhaften Ventilation kaum benutzt wurde. Edison wandelte es in ein kleines Laboratorium um, und war der Zug nur wenig besetzt, experimentierte er in den ruhigen Zeiten zwischen den Stationen oder auch während des langen Aufenthaltes in Detroit. Den nutzte er aber auch, um in einer Bücherei technische Literatur zu lesen oder sich im Eisenbahnmaschinenschuppen und an anderen interessanten Plätzen umzusehen.
Er erkannte schnell, daß der Verkauf von Zeitungen nach Ausbruch des Bürgerkrieges profitabler für ihn als alles andere sein würde und schloß die Gemüseläden. Durch seine Freundschaft mit einem Setzer von der „Detroit Free Press" erfuhr Edison stets schon aus den Bürstenabzügen die interessantesten Nachrichten, so auch den Verlauf

einer der dramatischsten Schlachten des Bürgerkrieges, der Schlacht von Shilow im Frühjahr 1862. Er rannte zum Bahnhof und brachte den diensthabenden Telegraphisten schnell dazu, die Nachricht vom Kampf an alle Stationstelegraphisten zwischen Detroit und Port Huron durchzugeben und sie zu bewegen, an der Tafel für die Ankunfts- und Abfahrtszeiten anzukündigen, daß der Abendzug die Zeitungen mit den Schilderungen aller Einzelheiten bringen würde. Statt 200, wie sonst, kaufte er 1000 Zeitungen und hatte sich damit nicht verkalkuliert. Auf jeder Station rissen ihm die schon ungeduldig Wartenden die Zeitungen aus den Händen, verzichteten beim Bezahlen auf das Wechselgeld, so daß er ohne Skrupel den Preis von 5 auf 10 Cent und für die letzten Exemplare schließlich auf 25 Cent erhöhte. Eine Zeitung hatte er für seinen Vater aufgehoben, der Mutter aber gab er stolz nahezu 100 Dollar in Verwahrung.

Nach diesem Erfolg beschloß er, eine eigene Zeitung zu gründen. Von einem Papierhändler kaufte er für 50 Dollar eine kleine Druckerpresse und stellte sie zu Hause im Keller auf. Sein Freund, der Setzer, schenkte ihm gebrauchte Typen. Damit setzte er nun schon während der Zugfahrt in seinem „Laboratorium" im Packwagen seine Lokalnachrichten, Marktpreise, Inserate, aber auch die neuesten Ereignisse vom Kriegsschauplatz, die er von den Eisenbahntelegraphisten erfuhr. Trotz der mangelhaften Orthographie des Redakteurs wurde das Blättchen — es bestand tatsächlich nur aus einem einzigen taschentuchgroßen Stück Papier — gern gekauft, weil es seine Leser auch über Vorkommnisse aus den naheliegenden Ortschaften unterrichtete, für die die Detroiter Zeitungen keinen Platz verschwendeten. Er nannte sein Blatt „Weekly Herald", verkaufte es für 3 Cent, an Monatsabonnenten für 8 Cent, und brachte es nicht selten zu einer Auflage von 400 Stück. Der „Weekly Herald" war sicher die erste und einzige Zeitung der Welt, die zum größten Teil in einem Zug hergestellt wurde.

Sein Domizil im Packwagen ging ihm schon bald verloren. Als er gerade wieder ein neues Experiment vorbereitete, ruckte der Zug nach einem Halt scharf an, eine Stange weißer Phosphor fiel ihm aus den Händen, und augenblicklich begann es an verschiedenen Stellen im Abteil zu brennen. Erschrocken schlug er hastig mit seiner Jacke auf die Flammen ein, verspritzte aber auf diese Weise den Phosphor immer weiter. Dem Schaffner gelang es schließlich, das Feuer mit einigen Eimern Sand zu löschen. Aber in seiner Wut warf er sämtliche

Chemikalien, Geräte, auch die Drucktypen zur Wagentür hinaus und gab dem Jungen ein paar tüchtige Ohrfeigen. Im Zug durfte er fortan nur noch Zeitungen und Süßigkeiten verkaufen.

Einmal keuchte er mit Zeitungen bepackt auf den Bahnsteig, als der Zug schon abfuhr. Er rannte hinterher, versuchte aufzuspringen, wäre aber, durch die Zeitungen behindert, unweigerlich rücklings abgestürzt und unter die Räder geraten, hätte ihn nicht der Schaffner gerade noch an den Ohren packen können. Der Zug fuhr immer schneller, der Mann in seiner Angst zerrte den Jungen in den Wagen. Dem schien, als würden seine Ohren länger und länger, und in seinem Kopfe knackte es ganz fürchterlich. Als er sicher war, daß seine Ohren noch in ihrer richtigen Größe am richtigen Platz saßen, lachte er die Schmerzen und seinen und des Schaffners Schrecken hinweg, aber kurze Zeit darauf war er schwerhörig, und in den nächsten Jahren wurde er nahezu taub. Anscheinend trug er sein Leiden mit großer Gelassenheit. Der Schaffner hat mir schließlich das Leben gerettet, indem er mein Gehör schädigte, sagte er später oft. Außerdem kann ich überall ungestört lesen, arbeiten und schlafen, kein Geräusch vermag mich abzulenken. Die ihn ganz genau kannten, bemerkten aber, daß er Geräusche, die er hören wollte, auch hören konnte.

Mit etwa 14 Jahren fing Edison an, sich näher mit der Telegraphie zu befassen. Wie viele andere war er von dieser neuen blitzschnellen Nachrichtenübermittlung fasziniert, die für das sich zu jener Zeit gewaltig ausdehnende Eisenbahnnetz, wie überhaupt für die gesamte kapitalistische Wirtschaft zur unabdingbaren Notwendigkeit wurde. Nach Fehlschlägen mit elektrochemischen und elektrostatischen Telegraphen ermöglichte Hans Christian Oersteds Entdeckung des Elektromagnetismus im Jahre 1820 den Bau elektromagnetischer Telegraphen. Aus der Vielzahl der Modelle, entworfen von Erfindern aus aller Welt, setzte sich hauptsächlich der 1837 von Morse konstruierte und bis zur Jahrhundertmitte vervollkommnete Schreibtelegraph durch.

Durch Edisons Beschäftigung bei der Eisenbahn kannte er alle Stationstelegraphisten und hatte sich von einigen genau die Arbeitsweise der einzelnen Geräte erklären lassen und das Morsealphabet gelernt. Aus Parkers Naturlehrbuch wußte er auch einiges über die theoretischen Grundlagen des Morsetelegraphen. Diese Kenntnisse, zusammen mit dem Wenigen, was er von der Chemie wußte, schienen ihm völlig auszureichen für den Bau einer eigenen ganz einfachen

3 Der zwölfjährige
Edison

Telegraphenanlage. Zwischen dem Hause seiner Eltern und dem eines
Freundes zog er ungefähr 2,5 m über dem Erdboden einen Draht von
Baum zu Baum, zum Isolieren nahm er Lumpen. So primitiv die
Einrichtung auch war, sie funktionierte. Wann immer sie nur wollten,
konnten die Freunde sich jetzt verständigen, ohne daß jemand erfuhr,
was sie vorhatten, sehr zum Neid der übrigen Jungen.
Das Interesse an der Telegraphie erlosch bei vielen jungen und älteren
Zeitgenossen bald wieder. Jedoch Edison sann weiter darüber nach,
was sich an der Telegraphie noch verbessern ließe.

Ein Tramptelegraphist

Vorerst einmal wollte Edison Telegraphist werden. Ein Zufall erleichterte ihm die Aufnahme in die Berufsgruppe der Telegraphisten, für die man eine praktische Ausbildung in einem Telegraphenbüro nachweisen mußte. Er rettete den Sohn eines Stationstelegraphisten vorm Überfahrenwerden durch einen Güterzug, und zum Dank bildete ihn der Vater als Eisenbahntelegraphist aus.

Das war im August 1862. Edison wollte so schnell wie möglich hinter alle Geheimnisse seines neuen Berufes kommen. Deshalb hielt er sich mehrere Monate lang täglich bis zu 18 Stunden im Stationsbüro auf und erkundete vor allem aufs genaueste die Konstruktion und die Wirkungsweise der Telegraphenapparate. Während seiner „Lehrzeit" baute er sich einen Satz Telegraphengeräte, um — und das ist wieder charakteristisch für ihn — es erst einmal mit einem eigenen „Telegraphenunternehmen" zu versuchen, ehe er sich um eine Anstellung bei einer Gesellschaft bewarb. Er legte dazu einen Draht zwischen der Eisenbahnstation und dem etwa 1,5 km entfernten Dorf, wurde aber schmählich enttäuscht, denn niemand dachte daran, für diese geringe Entfernung seinen Telegraphen zu benutzen.

Bevor der Telegraphist von Port Huron in den Krieg zog, empfahl er der Eisenbahnverwaltung den 15jährigen Edison als Nachfolger. Als ihm eine Stelle als Nachttelegraphist in Stratford, nicht weit hinter der kanadischen Grenze, angeboten wurde, griff er sofort zu, in der Hoffnung, dabei mehr Zeit für seine eigenen Interessen zu gewinnen. Er hatte keine Skrupel, während der Dienstzeit Fachbücher zu lesen und mit den Geräten der Telegraphenstation zu experimentieren. Telegramme übermittelte er erst, wenn er Lust hatte, seine Studien und Experimente zu unterbrechen. Mit der gleichen Sorglosigkeit ging er übrigens auch mit geborgten Werkzeugen um. Obwohl er nach einer Verwarnung versuchte, gewissenhaft zu arbeiten, verlor er diese Stelle bald. Er wurde beschuldigt, daß durch seine Säumigkeit zwei Züge auf einer eingleisigen Strecke unweigerlich zusammengestoßen wären, hätten die Lokomotivführer das Unglück nicht durch ihre Aufmerksamkeit verhindert. In Wahrheit aber war der Signalwärter nicht auf seinem Posten gewesen, als Edison ihm die Züge melden wollte. Als er spürte, daß er den Generaldirektor der Eisenbahngesellschaft in Toronto nicht von seiner Unschuld überzeugen konnte, lief er aus Angst, eingesperrt zu werden, in einer Verhörpause weg.

Diesseits der kanadischen Grenze fand er sofort wieder eine Anstellung als Telegraphist bei der Adrian-Eisenbahn. In den Vereinigten Staaten wütete der Bürgerkrieg, Arbeitskräfte waren knapp, man fragte nicht viel nach Papieren. 1 500 Telegraphisten dienten bei den Unionstruppen, mehrere hundert waren außerdem als Soldaten eingezogen worden. So hätte selbst jemand, der geringere Kenntnisse auf dem Gebiet der Telegraphie besaß als Edison, Arbeit als Telegraphist erhalten. Für ihn wurde die Flucht aus Kanada zum Anlaß für 5 Wanderjahre, in denen er als einer der vielen trampenden Telegraphisten durch die Vereinigten Staaten zog.

Die Arbeit mit den primitiven Geräten erforderte mehr als Routine im Telegraphieren. Bei plötzlichen Ausfällen war der Telegraphist meist auf seine eigene Geschicklichkeit und ein autodidaktisch angeeignetes technisches Grundwissen angewiesen. Durch die Aufnahme und Wiedergabe von Presseberichten und den Kontakt mit Zeitungsleuten hatten viele Telegraphisten auch ein höheres Allgemeinwissen und waren ausdrucksgewandter als die meisten Durchschnittsbürger. Eine starke Solidarität verband die Telegraphisten untereinander und mit den Eisenbahnern, die sie als völlig gleichgestellte Kollegen akzeptierten, hing doch die Betriebssicherheit in hohem Maße von einer verläßlich funktionierenden Streckentelegraphie ab. Kein Tramptelegraphist brauchte je einen Pfennig Fahrgeld zu zahlen.

Das alles erhöhte ihr Ansehen und ihr Selbstbewußtsein. Unverblümt sagten sie ihren Vorgesetzten die Meinung, wenn ihnen etwas nicht paßte, konnten sie doch jederzeit und überall wieder eine Stelle erhalten. Gerade der letztere Umstand, gepaart mit sehr guten Verdienstmöglichkeiten und den durch den Krieg allgemein gelockerten Moralbegriffen verleitete aber auch viele Telegraphisten zu Ausschweifungen. Als nach Kriegsende die Militärtelegraphisten an ihre zivilen Arbeitsplätze zurückkehrten, zerstörten sie das Ansehen ihrer Berufsgruppe. Sie waren ebenso souverän im Telegraphieren und Reparieren wie im Umgang mit dem Gewehr. Unter solchen Männern lebte Edison von seinem 14. bis zu seinem 21. Lebensjahr.

Unter anderem arbeitete er in Cincinnati. Ein Kollege dort beschrieb

den Eindruck, den Edison auf ihn machte, ungefähr so: Er war abgemagert, sah aber nicht kränklich aus. Im Verhältnis zu seinem mittelgroßen Körper war sein Kopf abnorm groß, die Nase stach besonders hervor. Er hatte blondes Haar und graublaue, sehr ausdrucksfähige Augen, die am ehesten etwas von seiner Persönlichkeit spüren ließen. Er war bei seinen Kollegen nicht sonderlich beliebt. Als Telegraphist war er ihnen nicht so überlegen, daß er ihnen Bewunderung abgenötigt hätte. Zwar hatte er die schadenfrohen Lacher auf seiner Seite, wenn er einem der Telegraphisten die individuell eingerichteten Geräte verstellte, und seine elektrischen Hinrichtungen von Küchenschaben mit einem eigens dazu konstruierten Gerät nahmen sie als willkommene Ablenkung, aber in seinen ständig neuen Versuchen, das Telegraphieren zu einer weniger eintönigen und ermüdenden Arbeit zu machen, sahen sie nichts als Spielereien. Schließlich gelang es ihm, in die höchste Lohngruppe für Telegraphisten zu kommen, aber wie er das erreichte, kostete ihn vollends das Ansehen bei seinen Kollegen. Als einige gewerkschaftlich organisierte Telegraphisten wegen ihrer Verbandsarbeit ausgeschlossen wurden und die anderen sich weigerten, deren Dienst zu übernehmen, scheute Edison sich nicht, den Streikbrecher zu machen.
Man müßte annehmen, Edisons Bemühen, die Telegraphie weiterzuentwickeln, hätte sich mit den Interessen der Unternehmer gedeckt. Aber in ihren Augen verschwendete er mit Experimentieren, Lesen und Nachdenken nur kostbare Arbeitszeit, wollte er mit seinen Verbesserungen nur zu Patenten und damit zu Geld kommen. Er entsprach also keineswegs dem Idealbild des Arbeiters aus der Sicht des kapitalistischen Unternehmers.
1868 kehrte Edison nach Port Huron zurück. Daß er dort keine Arbeit fand und wie ein armer Schlucker auf Kosten seiner Nächsten lebte, verleidete ihm nach der ersten Wiedersehensfreude das Leben im Elternhaus beträchtlich. Er schrieb deshalb seinem Freund Adams in Boston, ihm eine Stelle zu verschaffen. Die Bostoner Telegraphisten glaubten, einen „Schwätzer aus dem wollenen Westen“ vor sich zu haben. Als er erst einmal probeweise einen Pressebericht aus New York aufnehmen sollte, vereinbarten sie heimlich, daß dort der versierteste Kollege den Apparat bediente. Aber sie wußten nichts von Edisons Spezialhandschrift, mit der er alle Raffinessen des New Yorkers, wie Abkürzungen und ständig erhöhte Sendegeschwindigkeit, meisterte. Wegen seiner geringen Schreibgeschwindigkeit hatte er nie

eine der gutbezahlten Pressetelegraphistenstellen erhalten können. Das wurmte ihn, und er versuchte, seine Handschrift zu ändern, bis er fand, daß er vertikal mit getrennten Buchstaben am schnellsten schreiben konnte.

In einem Bostoner Buchladen entdeckte Edison zufällig eine Ausgabe von Faradays Werken. Ihm gefiel dessen einfache, nichtmathematische Erklärungsweise sehr. Er erstand die Bücher und versuchte nun, die darin aufgezeichneten Experimente nachzumachen. Edison sah in Faraday vor allem den meisterlichen Experimentator, und er betonte immer wieder, daß er aus diesen Büchern mehr gelernt und begriffen hätte als aus jeder anderen Quelle.

Ein Erfinder macht Erfahrungen

Eines Tages verschaffte sich Edison Zutritt zur Bostoner Telegraphenapparatefabrik. Den Mechanikern gefiel der fachkundige Junge, und einer von ihnen war bereit, ihm beim Bau des Modells seiner ersten patentierten Erfindung zu helfen. Es war eine großartige Erfindung, und sie würde ihn mit einem Schlage berühmt und reich machen, glaubte Edison. Er hatte nämlich einen Apparat für die schnelle Registrierung der Stimmen und damit des Wahlergebnisses konstruiert, einen elektrischen Stimmenzähler. Die Vorführung in Washington vor einem Kongreßausschuß lief ohne jede Panne ab. Edison schwelgte in seinem ersten Erfindertriumph und glaubte, seine Schwerhörigkeit hätte ihm einen Streich gespielt, als ihm klar wurde, daß seine Erfindung verworfen worden war. Der Ausschußvorsitzende hatte erkannt, daß mit dem Apparat die bei der Stimmzettelwahl mögliche Manipulierung der Abgeordneten ausgeschaltet werden konnte. Edison hatte sich von seinen Kollegen Geld für die Reise geborgt. Nun stand er da mit seiner patentierten Erfindung und war ärmer als zuvor. Nach dieser Erfahrung beschloß er, keine Erfindung mehr zu machen, ehe er nicht genau erkundet hatte, ob Bedarf danach bestand, ob sie sich verkaufen lassen würde.

Edison war 22 Jahre alt, als er seine zweite Erfindung 1869 zum Patent anmeldete: einen Börsenkursanzeiger. Während des Bürgerkrieges 1861 bis 1865 hatten die Nordstaaten große Anleihen aufnehmen müssen. Nach ihrem Sieg setzte eine gewaltige Expansion der Industrie einschließlich des Eisenbahn- und Telegraphenwesens ein. Diese kurze Hochkonjunktur hatte eine Inflation des Dollars zur Folge, die sich auf die Preise der Gebrauchsgüter und auf die Aktienkurse auswirkte. Die Relation des Dollars zum Goldpreis war einer rapiden Fluktuation unterworfen. Ein Gerät, das eine rasche Übermittlung dieser sich schnell ändernden Notierungen von der Börse ermöglichte, war deshalb für die Maklerbüros von unschätzbarem Wert.

Das von William Thomson (Lord Kelvin) verlegte und technisch vervollkommnete Transatlantikkabel ermöglichte mit neuartigen

Telegraphengeräten schon einen Überblick über die Bewegungen auf den europäischen Märkten. Innerhalb New Yorks aber wurden die Kursänderungen von der Börse zu den Maklerbüros im Finanzdistrikt von Botenjungen gebracht, die die Kurse von einer elektrisch gesteuerten Anzeigetafel im Fenster des „Goldraumes" der Börse ablasen. Fehler und Verzögerungen blieben dabei nicht aus. So bedeutete es einen großen Fortschritt, daß S. S. Laws 1866 die von ihm konstruierte Anzeigetafel durch Leitungen mit den Maklerbüros verband, wo elektrische Impulse auf elektromagnetisch gesteuerten Zifferblättern die neuesten Goldpreise anzeigten. Rund 300 Makler ließen im Nu diese Geräte in ihren Büros installieren, so daß Laws „Goldanzeigerdienst" (Gold Indicator Company) durch hohe Lizenzgebühren sehr schnell große Gewinne erzielte.

1867 baute E. A. Callahan in Boston einen funktionstüchtigen Apparat, den er wegen seines Arbeitsgeräusches „stock ticker" nannte. Dieser Börsenkursanzeiger war eine vereinfachte Form des im Jahre 1855 von dem Engländer David E. Hughes erfundenen Typendrucktelegraphen. Er hatte ein kleines elektrisch angetriebenes Typenrad, mit dem die über Draht von der Börse übermittelten Kurswerte auf einen Papierstreifen gedruckt wurden. Finanzkräftige Geldgeber witterten schnell das große Geschäft, das mit der Ausbeutung des Callahan-Gerätes zu machen sei, gründeten die Gold and Stock Company, die bald erfolgreich mit der Gold Indicator Company konkurrierte. Das Aktienkapital der Gold and Stock Company wuchs innerhalb eines Jahres auf eine Million Dollar an und warf hohen Gewinn ab.

Die Geräte anderer Erfinder wurden also bereits erprobt und benutzt, als Edison an seinem 1868 gebauten Börsenkursanzeiger nach eingehendem Studium der Vorteile und Mängel des Callahanschen Apparates noch allerlei verbesserte. So benötigte seine Anlage weit weniger Leitungsdraht als alle anderen, das machte sie billiger. Außerdem brauchte der Makler keinen speziellen Angestellten mehr zu beschäftigen, der den Anzeiger bediente.

Der Versuch, in New York finanzkräftige Interessenten für seinen Börsenkursanzeiger zu finden, scheiterte an Edisons mangelnder Kenntnis der kommerziellen Praktiken des Kapitalismus. So war er froh, als sich einige Bostoner Geschäftsleute bereiterklärten, ihn finanziell zu unterstützen. Er vertraute ganz der Fairness seiner Geschäftspartner und glaubte, sie würden ihm seinen Anteil am Gewinn aus der Nutzung seines Patents zukommen lassen. Aber während sie an seiner Erfindung reichlich verdienten, ging er .nahezu leer aus.

Als auch noch sein nach dem Vorbild des Bostoner Erfinders Joseph B. Stearns gebauter Duplextelegraph (Zweifachtelegraph) bei der Probevorführung versagte, er durch dieses Unternehmen bis über die Ohren in Schulden steckte und nicht mehr hoffen konnte, neue Kreditgeber zu finden, verließ er Boston an einem schönen Spätfrühlingstag des Jahres 1869.

Ungeachtet seines fehlgeschlagenen Versuchs, seinen Börsenkursanzeiger in New York an den Mann zu bringen, schien es ihm doch am aussichtsreichsten, in diesem größten Zentrum für Geschäfte aller Art noch einmal sein Glück zu versuchen. Was er am stärksten bei der Ankunft in der Stadt seiner Hoffnung verspürte, war Hunger. Aber er hatte nicht einen Cent in der Tasche, und so schienen ihm die üppigen Auslagen der Lebensmittelgeschäfte der reinste Hohn.

Er suchte den Elektroingenieur und Telegraphenfachmann Franklin L. Pope auf, mit dem er schon längere Zeit in brieflicher Verbindung stand. Pope führte die Oberaufsicht in der Zentrale der Gold Indicator Company und lud Edison ein, sich in seinem Büro aufzuhalten oder im Maschinenraum der Zentrale an seinen Experimenten zu arbeiten, solange er keine Arbeit und keine Bleibe hätte. Pope ließ es auch zu, daß Edison Konstruktion und Arbeitsweise von Laws' Zentralübermittler sowie dessen Börsenkursanzeiger aufs genaueste studierte. Edison erkannte bald, daß Laws' Geräte nicht so primitiv und weitaus fachmännischer als sein eigener Börsenkursanzeiger konstruiert waren, aber er fand gemeinsame Grundzüge, und schon nach wenigen Tagen verstand er das New Yorker System in allen Einzelheiten. Das sollte sich bald als glücklicher Umstand erweisen.

Wenige Tage später blieb der Übermittler plötzlich stehen, und weder Pope noch Laws vermochten in der allgemeinen Aufregung sofort die Ursache zu finden, denn die Makler hatten 300 schnell angeheuerte Botenjungen zur Zentrale geschickt, die mit viel Spaß am Radau nach den neuesten Kurswerten schrieen. Inzwischen hatte Edison eine gebrochene Kontaktfeder entdeckt, die zwischen zwei Getrieberäder gefallen war und den gesamten Mechanismus hemmte. Er entfernte sie, stellte den Übermittler auf Null zurück und 2 Stunden später, als Mechaniker die Empfangsgeräte in den Maklerbüros synchronisiert hatten, zeigten sie wieder die neuesten Kurse an.

Jetzt erst fiel es Laws ein zu fragen, wer der Fremde eigentlich sei und wieso er den Übermittler der Gold Indicator Company so gut kennen würde. Edison war zurückhaltend mit seinen Auskünften darüber. Um so mehr erzählte er Laws, was man nach seiner Ansicht an den Geräten noch alles verbessern könne. Der hörte immer interessierter zu und bot ihm schließlich an, für 300 Dollar monatlich als Gehilfe Popes die mechanische Instandhaltung der zentralen Anlage zu übernehmen. Zwei Tage zuvor hatten Edison eine warme Mahlzeit und ein einziger Dollar glücklich gemacht. 300 Dollar waren für ihn ein traumhaftes Gehalt, noch nie hatte er regelmäßig so viel verdient.

Als Angestellter dieser Firma erlebte Edison den Höhepunkt einer der schwersten Auseinandersetzungen im Kampf um die Konzentration der Produktion und Zentralisation des Kapitals mit. Der Sieg im Bürgerkrieg verhalf der Industriebourgeoisie im Norden der USA zur Ausdehnung ihres Macht- und Einflußbereichs auf das ganze Land. Der von den Volksmassen im Zeichen der Sklavenbefreiung erkämpfte Sieg wurde von ihr in unbeschränkte Freiheit für die Kapitalisten zur Ausbeutung der Arbeiter im Zuge der Industrialisierung umgemünzt. Aber nicht nur der Klassenkampf zwischen Bourgeoisie und Proletariat, sondern auch der Konkurrenzkampf zwischen den Aktiengesellschaften, die sich Monopolstellungen zu sichern suchten, spitzte sich zu. Dabei wurde die Wirtschaft des ganzen Landes erschüttert, die Existenz zahlreicher Bürger der USA vernichtet.

Cornelius Vanderbilt hatte die Aktien aller nach New York führenden Eisenbahnen aufgekauft, außer denen der Erie-Railroad, die von James Fisk und Jay Gould kontrolliert wurde, welche wiederum Vanderbilt auszuschalten suchten. Letztere starteten einen noch größeren Coup: Um die absolute Finanzmacht der USA in ihren Händen zu vereinigen, horteten sie und ihre Mittelsmänner alles verfügbare Gold, trieben damit die Preise aller Waren in die Höhe und hemmten den Kapitalfluß. Am Morgen des 24. 9. 1869, des berühmten „schwarzen Freitags" der New Yorker Börse, trieben sie schlagartig den Goldpreis als Regulativ der Währung in die Höhe.

Vor den augenblicklich einsetzenden sturmböartigen Preisfluktuationen versagte der Übermittler in der Zentrale der Gold Indicator Company, dessen Geschwindigkeit gerade für den Ablauf eines normalen Börsengeschäftstages ausreichte. Seine sich nur langsam bewegenden Räder zeigten erst nach einer bestimmten Zeit den jeweils neuesten Kurswert an. Es dauerte bis zum Nachmittag, ehe der gültige Kurswert herausgegeben werden konnte. Da bis zu dieser Stunde

kaum ein Mensch im ganzen Lande den wahren Stand wußte, steigerte sich die anfängliche Verwirrung unter den Maklern und Geschäftsleuten schnell zur Panik, durch die das gesamte Finanzgefüge des Landes auseinanderzubrechen drohte. Als Edison für einen Augenblick zur Börse lief, verstopfte eine erregte Menge die umliegenden Straßen. Er kämpfte sich zum erhöht gebauten Stand der Western Union durch, um von da aus die sich wie verrückt gebärdende Menschenmasse im unteren Börsenraum zu beobachten. Männer, die man im Geschäftsleben nie anders als kaltschnäuzig überlegen oder vornehm unnahbar gesehen hatte, schwankten dem Ausgang zu, und ihre Kleidung und Haartracht hatten nichts mehr von der gewohnten Korrektheit, und nichts Lebendiges mehr hatten ihre stieren Augen und ihre leichenfahlen Gesichter. Der Bankhalter, der nun schon seit Stunden wie ein Prellbock im chaotischen Treiben stand, verlor plötzlich die Nerven, aber die 5 Männer, die den Tobenden festzuhalten suchten, waren nicht minder kopflos als er. Alle hatten sie durch den willkürlich hochgetriebenen Goldkurs und den dadurch bewirkten Dollarsturz innerhalb weniger Stunden dieses wahrhaft schwarzen Tages ihr in Jahren angehäuftes Vermögen verloren — bei vielen waren es Millionen. Unterdessen hörte Edison über die Leitung der Western Union geheime Nachrichten mit, aus denen hervorging, daß zwischen Gould in der Wallstreet und bestimmten korrupten Regierungsbeamten eifrig konspiriert wurde, die, nachdem sie sich selbst hatten kaufen lassen, nun die gesamte Wirtschaft des Landes an den Gould-Fisk-Ring auszuliefern schienen. Erst gegen Abend griff das Schatzamt ein und ließ Gold aus den staatlichen Reserven in der Börse zum Verkauf anbieten. Damit wurde das Monopol der Gould-Bande gebrochen, denn der Goldpreis sank schlagartig.
Als dieses ganze Geschehen vor ihren Augen und Ohren abrollte, sagte der Telegraphist der Western Union zu Edison: „Schlag ein, Edison, wir sind O. K., wir haben keinen Cent. —" „Ich fühlte mich glücklich, weil wir arm waren. Diese Gelegenheiten sind sehr erfreulich für einen armen Mann, aber sie erscheinen selten", schrieb Edison später in sein Tagebuch. Aber noch etwas anderes als den Zusammenbruch von Macht und Reichtum hatte Edison an diesem historischen Tag in der Wallstreet gesehen: die Abhängigkeit des Handels von der Telegraphie, von dem schnellen Nachrichtenmittel, die Macht eines technischen Gerätes.
Als Laws' Angestellter hatte Edison dessen Börsenkursanzeiger im

Spätsommer 1869 soweit verbessert, daß er dem Callahanschen Gerät ebenbürtig war. Inzwischen aber hatte die Western Union Telegraph Company, die gleich einem Kraken ihre gierigen Fänge nach allen anderen Telegraphengesellschaften ausstreckte, die Gold and Stock Telegraph Company aufgekauft und trieb nun Laws zur Fusion seiner Gold Indicator Company mit ihrer neuen Tochtergesellschaft.
Edison träumte schon lange davon, sich irgendwo als selbständiger, freischaffender Erfinder niederzulassen. Sechs Tage nach dem „schwarzen Freitag" erregte eine halbseitige Anzeige in der New Yorker Zeitung „The Telegrapher" einiges Aufsehen. Sie kündigte die Gründung einer neuen Firma „Pope, Edison und Co." an, deren Inhaber sich als „Elektroingenieure" und „Konstrukteure verschiedener Typen elektrischer Anlagen und Apparate, benutzbar in der Telegraphiekunst" bezeichneten. Im weiteren Text der Anzeige hieß es dann, die Firma würde es auch übernehmen, private Telegraphenleitungen zu legen und nach Auftrag Geräte für wissenschaftliche und experimentelle Zwecke zu bauen sowie von anderen konstruierte Geräte zu prüfen und Gutachten darüber anzufertigen. Pope und Edison erfanden einen neuartigen Typendrucktelegraphen, mit dem sie den Edisonschen Börsenkursanzeiger wesentlich verbesserten. Sie bauten solche Geräte selbst und vermieteten sie für 25 Dollar wöchentlich an Makler. Mit ihrer niedrigen Nutzungsgebühr wurden sie bald zur lästigen Konkurrenz für den Gold- und Aktienkursanzeigedienst der Western Union, die das kleine Unternehmen deshalb ein halbes Jahr nach seiner Gründung bereits geschluckt hatte. Pope, Edison und ihr stiller Teilhaber erhielten insgesamt 15 000 Dollar als Abfindung, Edison 5 000 davon. Er bezeichnete sich zwar schon seit der Bostoner Zeit als berufsmäßiger Erfinder, aber zum ersten Mal hatte er durch seine erfinderische Arbeit wirklich Geld verdient. In überschwenglicher Freude schrieb er seinen Eltern davon und bot ihnen jegliche finanzielle Unterstützung an.
Edison verbesserte im Auftrag der Western Union den Callahanschen Börsenkursanzeiger durch Einbau des von ihm entwickelten „unisonstop", durch den bei Störungen oder nach Ausfällen alle Anzeigegeräte in den Maklerbüros von der Zentrale aus in Nullstellung gebracht werden konnten. Diese Erfindung senkte die Betriebskosten erheblich, brachte aber gleichzeitig vielen Angestellten den Verlust ihrer Arbeitsstelle.
Innerhalb kurzer Zeit erwarb Edison für Verbesserungen und Weiter-

entwicklungen der verschiedenen Börsenkursanzeigermodelle 46 Patente. Hier bot das amerikanische Patentgesetz der Erfindertüchtigkeit einen starken Anreiz, da es im Gegensatz zu den europäischen Gesetzen dem Erfinder erlaubte, sich auch Details und Verbesserungen patentieren zu lassen.

Um der Gold and Stock Telegraph Company das Monopol in der Börsenkursanzeigerproduktion zu sichern, erhielt Marshall Lefferts, der neue Direktor der Gold and Stock Telegraph Company, den Auftrag, diese Patente sowie die ersten Börsenkursanzeigerpatente Edisons zu kaufen. Auf Lefferts Frage, wieviel er dafür haben wolle, war Edison unschlüssig, ob er 5000 oder 3000 Dollar verlangen solle. Als Lefferts, der sein Zögern falsch deutete, 40000 Dollar bot, wurde ihm schwindlig. Eine Erfindung schien ihm damals so viel wert, wie er Zeit in sie investiert hatte und wieviel Schwierigkeiten er dabei überwinden mußte; über den Profit, den andere damit herausschlagen würden, hatte er noch nicht nachgedacht. Aus einem später aufgefundenen Brief von Edison an Lefferts geht allerdings hervor, daß sich der Erfinder wahrscheinlich mit 30000 Dollar begnügt hatte und — was bezeichnender ist für die Methode kapitalistischer Unternehmer, schöpferische Leistung gegen eine einmalige Abfindung mit hohem Gewinn für sich selbst auszubeuten — daß er sich durch seine Unterschrift band, alle seine künftigen Entwicklungen an Börsenkursanzeigern der Gold and Stock Company zu überlassen.

Tags Fabrikant – nachts Erfinder

Mit diesem von Lefferts erhaltenen Geld richtete sich Edison in Newark in der Nähe von New York eine eigene Werkstatt ein. In 30 Tagen hatte er alles, was er an Maschinen, Geräten und Material zur Herstellung von Börsenkursanzeigern brauchte, zusammengeholt und Arbeitskräfte angeworben. Es meldeten sich viele Männer, und die meisten waren nicht wenig überrascht, einen so jungen Unternehmer anzutreffen. Seinen Eltern schrieb er stolz, er beschäftige jetzt 18 Leute, würde aber bald mit 150 arbeiten. „Ich bin nun, was ‚Ihr‘ Demokraten einen aufgeblasenen östlichen Fabrikanten nennt."
Unter denen, die sich in der neugegründeten Werkstatt zum Bau elektrischer Anlagen eine gutbezahlte und interessante Arbeit versprachen, waren der Amerikaner John Ott, der Engländer Charles Batchelor, der im Auftrag einer Londoner Firma eine Spezialanlage in einer amerikanischen Nähmaschinenfabrik installiert hatte, der Schweizer Uhrmacher John Kruesi, der mit unglaublicher Geduld, stetiger Hand und einem ausgeprägten Vorstellungsvermögen nahezu jedes Gerät oder Modell auf die vageste Angabe hin bauen konnte, sowie der deutsche Mechaniker Siegmund Bergmann, der kaum Englisch sprach, dafür aber seine Arbeit für sich sprechen ließ, wie Edison sagte. Einige seiner ersten Mitarbeiter blieben ihm viele Jahre hindurch treu. Einige hofften, durch ihn reich zu werden, für sie alle aber war die Ausbildung, die sie durch ihn im elektrischen Anlagenbau erhielten, Grundlage für spätere berufliche Aufstiegsmöglichkeiten oder eigene Erfolge in der elektrotechnischen Branche. Ott und Batchelor blieben Edisons engste Mitarbeiter, Kruesi übernahm in den achtziger Jahren Edisons Dynamofabrik, Bergmann gründete nach seiner Rückkehr aus Amerika nach Berlin eine elektrotechnische Fabrik. Edison bewies in dieser ersten Phase seiner Selbständigkeit wie auch später einen guten Spürsinn für Befähigungen anderer, die er durch entsprechende Aufgabenzuteilung sich entfalten ließ, das heißt, er benutzte sie zur Realisierung seiner eigenen Pläne und Ziele, beutete also ihre Talente aus. Auch war er ein guter Beobachter, erkannte schnell schwache Punkte im Charakter seiner Mitarbeiter und wußte

ihre Stärken und Schwächen auszuspielen. Vielleicht, weil sie merkten, niemand konnte ihm so leicht etwas vormachen, gewann er ihre mehr oder weniger bereitwillige Anerkennung, und sie machten es ihm verhältnismäßig leicht, sie zu führen. Trotz seiner gleich vielen negativen wie liebenswürdigen Eigenschaften und seines oft widersprüchlichen Verhaltens war er mit noch nicht einmal 30 Jahren für sie der „Alte".

Die Arbeitsbedingungen bei ihm waren hart. In zwei unmittelbar aufeinanderfolgenden Schichten trieb er als Vorarbeiter seine Leute zur Akkordarbeit an, wobei sie durchschnittlich verdienten, er aber hoch. Seine scheinbar unermüdliche Arbeitsfähigkeit flößte seinen Arbeitern Bewunderung und Abneigung zugleich ein. Er hatte aber seit seinen Telegraphistenjahren systematisch trainiert, schnell und tief einzuschlafen und nach kurzer Zeit erfrischt wieder zu erwachen. Große Mengen schwarzer Kaffee und starke Zigarren oder Prim taten ein übriges, ihn dann für 20 und mehr Stunden zu aktivieren. Waren seine Arbeiter mit seinen Methoden einverstanden, behandelte er sie mit derber Loyalität, aber wer sich allzu kritisch äußerte, wurde ohne Rücksicht auf Lebensumstände entlassen. Einmal schickte Lefferts eine große Lieferung Börsenkursanzeiger zurück, weil sie zeitweise ohne ersichtlichen Grund streikten. Daraufhin schloß sich Edison mit einigen seiner besten Leute, ohne viel nach ihrem Einverständnis zu fragen, etwa 60 Stunden lang in der Werkstatt ein, gönnte sich und ihnen kaum eine Essenpause und zwang sie, mit ihm zu suchen und zu probieren, bis der Fehler gefunden war. Vor der verschlossenen Werkstatt versammelten sich die besorgten und erregten Frauen der Arbeiter, einige versuchten Päckchen mit Lebensmitteln durch die Fenster zu werfen, andere weinten laut, aber Edison ließ sich nicht rühren.

Edison war sich seines besonderen erfinderischen Talents sehr wohl bewußt, auch war er ausgesprochen egoistisch veranlagt, aber durch seine eigene absolute Hingabe an eine Sache, die er einmal angepackt hatte, und durch bestimmte entwaffnende Wesenszüge verstand er es immer wieder, andere für sich und seine Ziele einzunehmen. Manchmal mußten seine geschicktesten Arbeiter die Herstellung von Börsenkursanzeigern unterbrechen, weil er plötzlich von einer eigenen oder fremden neuen Idee oder Erfindung völlig eingenommen war. Dann schmeichelte er ihnen, bot ihnen hohe Prämien an, bettelte sie regelrecht, um sie zur schnellen Anfertigung mehrerer Probemodelle nach seinen Ideen zu bewegen. Entsprachen die Ergebnisse ihrer Arbeit seinen Erwartungen, fuhr er mit ihnen einen Tag lang zum Angeln. Als ihm z. B. Christopher L. Sholes das noch unvollkommene Modell einer Schreibmaschine brachte und ihn bat, es auf Verbesserungsmöglichkeiten hin zu prüfen, befaßte sich Edison längere Zeit nur noch mit dieser technischen Neuheit und unterstützte Sholes bei der Entwicklung seiner Erfindung, die unter dem Namen „Remington" den Markt eroberte. Da Edison häufig neue Ideen fesselten — während der 5 Jahre, in denen seine Newarker Werkstatt bestand, arbeitete er an nahezu 50 Erfindungen — ging es in seinen Arbeitsräumen recht turbulent zu, was seinen Mitarbeitern weit mehr Enthusiasmus abverlangte als ihm selbst, da sie zu dieser Zeit weder am materiellen noch am ideellen Erfolg direkt beteiligt waren.

Bislang hatte er sein Talent fast nur eingesetzt, um unausgereifte Erfindungen anderer gebrauchsfähig zu machen. Bis 1873 hatte er auf diese Weise bereits 56 Patente allein für Detailverbesserungen und Weiterentwicklungen an verschiedenen Börsenkursanzeigermodellen erworben, bis 1876 waren rund 200 Patente für Verbesserungen und Erfindungen auf seinen Namen registriert. Die Angestellten des New Yorker Patentamtes behaupteten scherzhaft, seine Fußabdrücke bildeten eine deutliche und unverlöschbare Spur von seiner Werkstatt zu ihrem Amt.

Bei der Konstruktion einer Perforationsmaschine für Telegraphenstreifen kam ihm die Idee für einen mit einem Impulselektromotor versehenen Stift, der beim Schreiben das Papier durchlöcherte, so daß mit halbflüssiger Tinte Schriftstücke mehrmals kopiert werden konnten. Fand „Edisons elektrischer Stift" vor der Erfindung der Schreibmaschine nur kurze Zeit Anklang, so führten ihn seine Versuche mit paraffingetränkten Telegraphenstreifen zur Herstellung einer Wachsmatrize als Kernstück eines Vervielfältigungsverfahrens, das er Mimeograph nannte und das in vervollkommneter Form noch heute benutzt wird.

In diesen Jahren schuf er sich langsam, aber stetig einen Namen als Erfinder, der ihm zunehmend mehr Aufträge und damit die notwendigen Mittel eintrug, die es ihm ermöglichten, sich auf erfinderisches Neuland zu begeben. Aber bei jedem Auftrag zur Produktion elektrotechnischer Geräte, bei jeder unausgereiften Erfindung, deren Entwicklungsmöglichkeiten zu prüfen waren oder deren Verbesserung vorzunehmen man ihm antrug, und bei jeder eigenen Eingebung

merkte er, daß weder seine Kenntnisse der industriellen Fertigungs-
methoden noch sein fachliches Wissen ausreichten, um etwas grund-
legend Neues schaffen zu können. Deshalb begann er systematischer
zu lesen und zu experimentieren. Nachdem er John Ott zum Vorarbeiter ernannt hatte, arbeitete er nur noch tagsüber bei der
Börsenkursanzeigerproduktion mit. Er hatte sich über der Werkstatt
ein Labor eingerichtet, eine Menge Geräte und Instrumente an-
geschafft, mit denen er nun nachts vor allem Experimente zur Telegraphie machte, zu denen ihn die Ideen teilweise schon seit Jahren
beschäftigten. Zu jener Zeit, 1871, begann er auch, Pläne, Einfälle und
Ergebnisse in einem Laboratoriumsnotizbuch aufzuschreiben und zu
skizzieren.

Bis zu seinem 23. Lebensjahr hatte er ziemlich ungebunden gelebt,
unstet und primitiv, aber nicht armselig. Diese 5 Newarker Jahre, in
denen Edison als Produzent, Ausbilder und Erfinder gleichermaßen
gefordert wurde, waren für seine eigene Entwicklung eine harte, aber
gute Schule.

Als Edison 1870 seine Werkstatt in Newark einrichtete, mietete er für
sich ein möbliertes Zimmer. Wie all die Jahre vorher verspürte er keine
sonderliche Sehnsucht nach einem geregelten Leben in einem ge-
mütlichen Zuhause mit Frau und Kindern. Er war, wie er selber sagte,
„ängstlich in der Gegenwart von Frauen", was nun wiederum nicht
hieß, daß sie ihn nicht interessierten. Aber weitaus mehr fesselten ihn
technische Neuheiten und seine erfinderischen Ideen, ihnen schenkte
er seine Zeit, seine Liebe, seine Leidenschaft — bis zu jenem Tag im
Sommer 1871, als die Schwestern Mary und Alice Stilwell vor einem
Platzregen in die Toreinfahrt zu seiner Werkstatt flüchteten. Die erst
16jährige, aber große und wohlproportionierte Mary mit ihrem
prächtigen goldblonden Haar gefiel Edison über alle Maßen gut, und
um sie täglich sehen zu können, fragte er sie, ob sie nicht Lust hätte,
in seiner Werkstatt zu arbeiten. Da saß sie nun unter den anderen
Mädchen und Frauen, die Perforationen in die Papierstreifen für
automatische Telegraphenapparate stanzten, aber Edison hatte nur
Augen für sie. Schon nach wenigen Tagen überrumpelte er Mary mit
der Frage, ob sie ihn heiraten wollte, und am nächsten Sonntag hielt
er, dem doch sonst alles Förmliche verhaßt war, bei ihren Eltern um
ihre Hand an.

Ein Jahr nach der Hochzeit wurde ihre Tochter Marion geboren, ihr
Vater rief sie aber nur „dot" (Punkt), wie er auch dem 1876 geborenen

Thomas Alva junior den Spitznamen „dash" (Strich) gab. Die Telegraphie sei ihm eben in Fleisch und Blut übergegangen, meinte Mary lachend. 1878 bekamen die beiden einen Bruder, William Leslie.

In dieser Zeit verlief Edisons Leben wohl zum ersten Mal in einer gewissen Regelmäßigkeit und Ordnung, und Mary versuchte, in ihm Freude an einer etwas anspruchsvolleren Lebensweise zu wecken. Zuerst spielte er oft mit seinen Kindern, vor allem sonntags, aber wenn ihn eine Arbeit stark beschäftigte, kam er zu spät oder überhaupt nicht zu den Mahlzeiten, kam nur gegen Morgen für eine kurze Stunde Schlaf, warf sich angezogen und ungewaschen aufs Bett, war stumm und unansprechbar. Es passierte auch, daß er sich für 2 oder 3 Tage nicht aus der Werkstatt wegrührte.

Zu jener Zeit konzentrierte er sich derart auf seine Ideen über eine ganz neue Form der Telegraphie, daß jegliches Denken an andere Dinge bei ihm ausgeschaltet war, ja die normale Funktion seines Gedächtnisses in Mitleidenschaft gezogen schien. So wußte er, als er auf dem Finanzamt seine Steuern bezahlen wollte, sehr zum Mißtrauen des Angestellten und zum Gelächter der Umstehenden auf einmal seinen Namen nicht mehr.

Mary war nicht die Frau, die ihn hätte ändern können. Sie war gut und hilfsbereit und sie vergötterte ihren zehn Jahre älteren „großen" Mann. Sie richtete das Familienleben nach dem gleichen Grundsatz ein, der schon in ihrem Elternhaus bestimmend gewesen war: alles hat sich der Arbeit des Mannes unterzuordnen. Anfangs erzählte Edison seiner Frau, welche Probleme ihn gerade beschäftigten, aber er merkte bald, daß sie sich nicht sonderlich dafür interessierte. In den ersten Monaten nach ihrer Heirat dachte er während der Arbeit oft an sie, und zwischen Aufzeichnungen zu Versuchen, Ergebnissen elektrochemischer Tests und anderem stand in seinem Laboratoriumsnotizbuch: „My wife Popsy-Wopsy can't invent." („Meine Frau Popsy-Wopsy kann nicht erfinden.")

Der große Telegraphenkrieg

Mit der Industrialisierung nahm der Telegraphenverkehr in den 60er Jahren stark zu. Immer mehr Menschen, nun auch Privatpersonen, ergriffen die günstige Gelegenheit, bei eiligen Nachrichten Telegramme zu versenden. Bald konnte man der Telegrammflut mit den vorhandenen Geräten und Linien nicht mehr Herr werden. Da aber das Legen weiterer Drähte sehr kostspielig gewesen wäre, blieben nur zwei Auswege: Entweder man erhöhte die Telegraphiergeschwindigkeit oder versuchte, auf einer Leitung gleichzeitig mehrere Nachrichten zu übermitteln. Beide Möglichkeiten waren lohnend und reizvoll für talentierte Erfinder. Bereits 1867 hatte Charles Wheatstone in England einen Schnelltelegraphen entwickelt, der 1 500 Zeichen in der Minute übertragen konnte. Er benutzte einen Lochstreifen, in den mit einem Handapparat Lochkombinationen für entsprechende Buchstaben gestanzt wurden. Diese vorbereiteten Lochstreifen wurden durch mechanische Fühler in Telegraphenapparaten mit großer Geschwindigkeit abgetastet.
1871 hatte Edison von einigen Geschäftsleuten den Auftrag erhalten, eine automatische Telegraphenapparatur auf ihre Funktionstüchtigkeit zu prüfen. Auf sein positives Gutachten hin wurde die Automatic Telegraph Company gegründet. Da das System technisch mangelhaft, aber entwicklungsfähig war, zahlte die Company Edison 40 000 Dollar Abschlag für eine Abtretungsverpflichtung über sämtliche Entwicklungen und Erfindungen aus den Experimenten mit der automatischen Telegraphie, die Edison trotz aller erlittenen trüben Erfahrungen mit solchen Klauseln unbekümmert unterzeichnete.
Durch die Einrichtung einer zweiten Werkstatt in Newark mit einem Geschäftspartner, den Kauf von Spezialanlagen und Material zur Herstellung und experimentellen Erprobung automatischer Telegraphen, die notwendige Einstellung neuer Arbeitskräfte schmolzen die 40 000 Dollar rasch zusammen. Aus England und Frankreich ließ er sich Bücher und Zeitschriften schicken, in denen automatische Mechanismen beschrieben wurden, die er nun systematisch durcharbeitete, um sich einen tieferen Einblick in dieses Spezialgebiet zu ver-

schaffen. Noch im selben Jahr führte er eine Versuchsserie von 2000 Experimenten mit dem Empfangsapparat aus, der bei hohen Geschwindigkeiten, insbesondere auf langen Freileitungen, keine scharf getrennten Signale mehr aufzeichnete. Durch eine spezielle Parallelschaltung einer Spule mit Weicheisenkern zum Empfangsgerät gelang es ihm, die störenden Wirkungen der Selbstinduktion am Signalende auszuschalten. Er erhielt nun klare Aufzeichnungen der Signale. 1872 kombinierte Edison zusätzlich den automatischen Empfänger mit seinem eigenen Börsenkursdrucker, so daß die Signale sofort in gedruckte Buchstaben umgesetzt wurden. Obwohl andere vor ihm schon den Drucktelegraphen erfunden und die automatische Telegraphie vervollkommnet hatten, waren seine Verbesserungen für die Einführung der automatischen Telegraphie in Amerika ausschlaggebend.

Im zeitigen Frühjahr 1873 fragte der Präsident der Western Union, William Orton, bei Edison an, ob er die zwar gebrauchsfähige, aber der Gesellschaft noch nicht genügend profitable Duplextelegraphieapparatur von Joseph B. Stearns (Duplextelegraphie = Zweifachtelegraphie) verbessern könne, deren Vorteil darin bestand, auf derselben Fernleitung simultan Signale in entgegengesetzter Richtung zu übertragen. Ähnliche Systeme hatten auch Wheatstone, William Thomson (Lord Kelvin) und Werner von Siemens entwickelt. Schon nach wenigen Tagen legte Edison dem erstaunten Orton sein Notizbuch mit 21 verschiedenen Skizzen einer Duplexapparatur mit der lakonischen Bemerkung vor: „Hier ist eine, die Sie für fünf Dollar haben können, ich machte sie vorige Nacht." Orton bot Edison daraufhin sofort die Benutzung der Laboratorien, Werkstätten und Leitungen der Western Union zur Realisierung seiner Ideen an, damit er die Duplextelegraphie nur recht schnell zur starken Waffe für die Western Union im Kampf gegen die Konkurrenz entwickeln könne. Gleichzeitig aber schlossen sie ein Übereinkommen ab, nach dem Edison alle Erfindungen, die sich aus den Experimenten mit der Duplextelegraphie möglicherweise ergäben, der Western Union verkaufen würde.

Seine Experimente führten zunächst zu einem völlig neuen Prinzip der Duplextelegraphie, nach der nun auf derselben Leitung zwei Nachrichten gleichzeitig in eine Richtung übermittelt werden konnten. Bestärkt durch diesen Erfolg versuchte er, seine Ergebnisse mit den bekannten Systemen der Zweifachtelegraphie zu kombinieren. Aus dem schon lange ihn ihm keimenden Gedanken schälte sich plötzlich die reale Möglichkeit der Quadruplextelegraphie heraus, der Vierfachtelegraphie, mit der je zwei Nachrichten in gleicher und entgegengesetzer Richtung simultan auf einem Draht übermittelt werden konnten. In jeder Station, die mit dem Quadruplexsystem arbeitete, müßten sich zwei Sende- und Empfangsgeräte befinden. Für das eine System würden durch Polwechsler Stromrichtungsänderungen ausgenutzt und diese Impulse dann auf der Empfangsseite mit einem polarisierten Relais ausgesondert werden. Das zweite System sollte in herkömmlicher Weise mit Stromstärkeänderungen bei der Übertragung der Impulse arbeiten. In einem seiner Laboratoriumstagebücher von 1873 ist ohne Datum eine flüchtig hingeworfene Skizze mit der Bezeichnung „Fourplex Nr. 14" (Edisons Abkürzung für Vierfachtelegraphie) zu finden und daneben: „Why not?" („Warum nicht?") Diese komplizierte Anlage hatte er in kurzer Zeit mittels hydraulischer Analogien entwickelt. Der Vergleich mit Flüssigkeitsströmen hatte ihm dabei sehr geholfen, denn sein Vorstellungsvermögen wurde durch anschauliche Überlegungen weit mehr angeregt als durch theoretische Gedankengänge.

Im April 1873 aber unterbrach er erst einmal die Versuchsreihe. Er reiste mit einem Segelschiff nach England, um seine automatische Telegraphenapparatur der dortigen Postbehörde vorzuführen, die am Kauf der Patentnutzungsrechte interessiert war. Für seine Probevorführung auf der Telegraphenleitung zwischen London und Liverpool wurde eine Norm von 1 000 Zeichen in der Minute festgesetzt. Sonst stellte ihm die Postbehörde lediglich ein paar „Sandbatterien", zu jener Zeit bereits völlig überholte Stromquellen, zur Verfügung, die ihm ebensowenig nützten wie die alten Drähte, da sein Gerät eine hohe elektrische Leistung brauchte. Edison war ziemlich entmutigt. Der Vertreter der Londoner automatischen Telegraphengesellschaft, ein Oberst Gouraud, an den er sich am nächsten Tag um Hilfe wandte, beschaffte ihm dank guter Beziehungen zur Royal Institution von Faradays Nachfolger John Tyndall eine leistungsstarke Batterie mit 100 Zellen. Bei der Vorführung waren neben den Vertretern der Postbehörde teils als Interessenten, teils als Gutachter eine Reihe englischer Wissenschaftler und Ingenieure anwesend, die alle auf dem Gebiet der Telegraphie zu Hause waren. Edison wurde gefragt, ob er sein automatisches System auch an Unterwasserkabel anpassen und ob er damit eine höhere Telegraphiergeschwindigkeit erreichen könne als die bisher mögliche. In der Nähe der Greenwich Docks hatte man etwa 200 Meilen Kabel im Wasser eingelagert, die für eine Unterwasserverbindung zwischen England und Brasilien bestimmt waren. Auf dieser „Teststrecke" sendete Edison als erstes Zeichen einen Punkt, der aber, für ihn unerklärlicherweise, „...zu 27 Fuß Länge..." (ca. 8 m) verwischte. So sehr er sein Hirn auch marterte, bei jedem Einfall war es nahezu dasselbe, und nach zwei Wochen angestrengtester Nachtarbeit war es ihm nicht gelungen, mehr als zwei Worte in der Minute deutlich zu empfangen. Durch sein offenes Geständnis, für diese Erscheinung, die er zudem noch unheimlich nannte, keine Erklärung zu wissen, verscherzte er sich gründlich sein Renommee bei den englischen Autoritäten, für die die Auswirkung der Kapazität und Induktivität an Unterwasserkabeln eine einfache Sache war. Mit Edisons „Unkenntnis der Theorie" begründeten sie auch ihre Ablehnung seines automatischen Telegraphen, ein zu offensichtlich vorgeschobener Grund. Die englische Postbehörde übernahm nämlich wenig später den automatischen Telegraphen eines englischen Erfinders, der nichts anderes als eine Variante des Edisongerätes war. Tatsächlich wußte Edison zu dieser Zeit nicht, daß ein aufgespultes Kabel eine wesentlich höhere Induktivität und Kapazität hat als ein ausgelegtes oder eine Freileitung. Edisons Kenntnisse resultierten hauptsächlich aus intensiver praktischer Erfahrung mit den von ihm gefundenen Geräten, die durchaus nach physikalischen Prinzipien funktionierten. Seine theoretischen Vorstellungen waren sozusagen Abstraktionen der Geräte, die er konstruierte und mit denen er arbeitete. Als Autodidakt hatte er vorwiegend aus eigenen Erfahrungen gelernt, wobei ihm seine Fähigkeit, auch geringfügige Details zu beobachten und nicht wieder zu vergessen, sowie seine enorme Beharrlichkeit überaus zugute kamen. Auf diese Weise registrierte sein Gedächtnis eine große Zahl unterschiedlichster technischer und wissenschaftlicher Fakten, wobei er letztere meist nur oberflächlich begriff. Aber dieses Wissen verstand er auszubeuten wie kein anderer, indem er mit seinem unerschöpflichen Einfallsreichtum immer neue experimentelle Kombinationen probierte. Aus der Haltung der englischen Gutachter resultierte wohl jene aggressive Überheblichkeit, die Edison zeitlebens gegenüber den akademischen Wissenschaftlern zur Schau trug. Wahrscheinlich hatte er Komplexe, weil er sich ihnen gegenüber unsicher fühlte. So erzählte er mit Vorliebe Anekdoten und Witze, in denen Akademiker lächerlich gemacht wurden, und hob gleichzeitig die einfache Art des eigenen Standes übertrieben hervor.

Ende Juni 1873 fuhr er in die Vereinigten Staaten zurück. Er hatte lediglich erreicht, daß sein Name in englischen Fachkreisen bekanntgeworden war — ein geringes Ergebnis, gemessen an der langen Reise. Während seiner Abwesenheit war Mary durch seine unbekümmerten Geschäftsmethoden — er machte keinerlei Rücklagen, und fällige Zahlungen schob er einfach auf — in eine äußerst bedrängte Situation geraten. Seine Gläubiger hatten die Justizbehörden veranlaßt, seine Werkstatt samt Maschinen und Laboratoriumseinrichtung zu pfänden. Auf Marys Flehen hatte sein Teilhaber gerade soviel Geld aufbringen können, um die Katastrophe für eine Atempause abzuwehren.

Die Vereinigten Staaten wurden 1873 von einer ihrer heftigsten zyklischen Krisen heimgesucht. Hunderttausende verloren ihre Arbeit; selbst die New Yorker Börse verharrte 10 Tage lang in einer Art Lähmungszustand. Auch die Aktien der Western Union blieben vom allgemeinen Sturz nicht verschont, ohne daß das Monstreunternehmen ernstlich gefährdet gewesen wäre, dessen leitende Geschäftsführer aber nun die allgemeine Situation vorschoben, um Edisons Versuche zur „Diplex" nicht weiter zu unterstützen. Eiskalt ließen sie den Erfinder, den sie bislang doch äußerst gewinnbringend für ihre Zwecke ausgebeutet hatten, in seiner bedrängten Lage im Stich.

Mit aller Anstrengung und in größter Eile versuchte Edison neue Erzeugnisse zu entwickeln, um zu Geld zu kommen. Für wenige 1 000 Dollar überließ er der Automatic Telegraph Company das Patent seines Haustelegraphen, mit dem die Gesellschaft nicht wenig verdiente, da er schnell in vielen öffentlichen und privaten Gebäuden als Meldegerät bei Feuer, Einbruch und anderen plötzlichen Notfällen Einzug hielt. Um Aufträge zu erhalten, versprach er auch, den Aktionären der Automatic Telegraph Company seine Patentrechte der werdenden Quadruplexerfindung zu verkaufen. Man fragt sich, wieso Edisons gesunder Menschenverstand ihm nicht sagte, daß er durch seine leichtfertigen Versprechen, die gleiche Erfindung zweimal zu verkaufen, unweigerlich zwischen die Mühlsteine geraten müsse. Aber abgesehen von seiner Unbekümmertheit in geschäftlichen Dingen und seiner legeren Auffassung über kontraktionelle Verpflichtungen trieb ihn seine scheinbar ausweglose finanzielle Lage zu diesen Schritten. Es ist unklar, ob es Edison nicht wußte, oder ob es ihn nicht kümmerte, daß Jay Gould die Automatic Telegraph Company inzwischen für 1 Million Dollar aufgekauft hatte und deren Hauptaktionäre nur noch als seine Strohmänner fungierten. Mit der Eigentümerschaft der Automatic Telegraph waren aber gleichzeitig sämtliche Patente Edisons zur automatischen Telegraphie in den Besitz Goulds übergegangen einschließlich der Verpflichtungsklausel, alle weiteren Erfindungen auf diesem Gebiet der Gesellschaft zu überlassen. Damit hatte Gould die Dienste des Erfinders auf unabsehbare Zeit gekauft, und dieser wurde nun, ehe er es sich versah, als Diener zweier Herren in die Konflikte der sich bekämpfenden Machtgruppen verwickelt, die ihn als lohnendes Streitobjekt im „Großen Telegraphenkrieg", der bald darauf zwischen Gould und den Aktionären der Western Union entbrannte, hin- und herzerrten.

Nachdem Gould die meisten nordamerikanischen Eisenbahngesellschaften als Hauptaktionär unter seine Kontrolle gebracht und durch den schwarzen Freitag ungeheure Gewinne gemacht hatte, trachtete er nun auch nach der Vorherrschaft über die Telegraphie. Einheitliche Eisenbahn- und Telegraphennetze waren vom allgemeinen wirtschaftlichen Nutzen her gesehen gleichermaßen notwendig wie fortschrittlich, wären Allgemeinnutzen und Fortschrittlichkeit nicht bloße Aushängeschilder für die Macht- und Profitinteressen der Aktionäre der großen Telegraphengesellschaften gewesen.

Das Monopol auf diesem Gebiet besaß um 1871 die Western Union mit rund 40 000 km von ihr kontrollierten Telegraphenlinien. Da alle bedeutenden Pressenachrichtendienste ihre Drähte benutzten, kontrollierte sie praktisch das gesamte wirtschaftliche und politische Geschehen des Landes und wurde zur bedrohlichen Macht für die Staatsführung wie auch für die Großzahl der kleineren Geschäftsleute. Führende Kongreßmitglieder forderten deshalb, die Western Union zu verstaatlichen und das Telegraphenwesen nach europäischem Vorbild der Post anzugliedern, ein Versuch, der durch den Einfluß der Hauptaktionäre der Gesellschaft auf weite Regierungskreise und die Bestechlichkeit von Kongreßmitgliedern und Regierungsbeamten von vornherein zum Scheitern verurteilt war.

Nach Abflauen der Depression war die Western Union 1874 bereit, Edison zur Weiterführung seiner telegraphischen Experimente ihre Labors und Telegraphenleitungen zur Verfügung zu stellen, zumal er dem Chefingenieur der Gesellschaft, George B. Prescott, eine Beteiligung als Miterfinder an der Quadruplex anbot, deren praktische Anwendbarkeit sich von Experiment zu Experiment erfolgversprechend abzuzeichnen begann. Obwohl Prescott kaum erfinderische

Fähigkeiten besaß, erhoffte sich Edison durch dessen Einfluß groß-
zügigere Unterstützung als bisher von der Western Union. Aber trotz
dieser offensichtlichen Erfolge erhielt er von ihr keine finanzielle Hilfe.
Auch nach einer überzeugenden Demonstration des Quadruplexsystems am 14. Oktober 1874 vor den Direktoren der Western Union
schob Orton den Abschluß des Kaufvertrages auf unbestimmte Zeit
hinaus. Edison bat ihn um einen Vorschuß, wie gering er auch immer
sei. Aber die 5000 Dollar, die er erhielt, reichten nicht aus, um die
Gläubiger, die ihn nach wie vor bedrängten, auch nur annähernd zu
befriedigen.

Wenig später ging in der Wallstreet das Gerücht um, daß der befähigte
junge Erfinder Edison mit einem „Sack voll Erfindungen" in das
Lager Jay Goulds übergegangen sei. Bei der Western Union brach
Panik aus, weil der Wert ihrer Aktien durch Edisons Abkehr rapid
sank, wozu aus dem Hintergrund Jay Gould das Seine durch massive
Kurzverkäufe von Western-Union-Aktien tat, und damit 20 bis 30 mal
soviel verdiente, wie er Edison gezahlt hatte. Denn Jay Gould hatte
die Quadruplexerfindung gekauft. Schon einen Tag, nachdem einer
der leitenden Angestellten der Western Union, General T. T. Eckert,
Edison mit seinen dunklen Andeutungen über einen möglichen Interessenten für seine Erfindung in Spannung versetzt hatte, war Eckert
plötzlich abends in Edisons Werkstatt aufgetaucht. Mit ihm war ein
schmächtiger Mann gekommen, der ganz offensichtlich hinter dem
hochgeschlagenen Kragen seines Überziehers sein Gesicht zu ver-
bergen suchte. So sah Edison bei ihrer ersten Begegnung nur den
kohlschwarzen Bart und die stechenden schwarzen Augen Jay Goulds.
Edison hatte in der Werkstatt eine Quadruplexapparatur aufgebaut,
um jeden neuen Einfall, wann immer er ihm auch kam, experimentell
prüfen zu können. An diesen Geräten demonstrierte und erklärte er
nun mit von neuer Hoffnung angefachtem Enthusiasmus Gould und
Eckert die Wirkungsweise seines Quadruplexsystems. Obgleich
Edison den Eindruck hatte, daß die beiden sehr genau auf seine
Erklärungen hörten und auf jeden seiner Handgriffe achteten, blieben
sie reserviert und ließen den Enttäuschten bei ihrem Weggang über
ihr Urteil und ihre Entscheidung im unklaren. Aber:

Am nächsten Tag schickte Eckert nach mir [tatsächlich eine Woche später]
und ich wurde in Goulds Haus eingelassen … Im Souterrain hatte er ein
Büro: es war am Abend, und wir gingen durch den Dienstboteneingang, da

Eckert wahrscheinlich fürchtete, er würde beobachtet. Gould ging gerade auf das Ziel los und fragte mich, wieviel ich wolle. Ich sagte, machen Sie mir ein Angebot – darauf sagte er, ich will Ihnen 30 000 Dollar geben. Ich sagte, ich will jedes Recht, das ich habe, für dieses Geld verkaufen. Es war ein wenig mehr, als ich bekommen zu können geglaubt hatte. Am nächsten Morgen ging ich mit Gould in das Büro von Sherman und Sterling und erhielt einen Scheck über 30 000 Dollar. Gould machte dazu die Bemerkung, daß ich die Dampfjacht „Plymouth Rock" bekommen hätte, weil er sie für 30 000 Dollar verkauft und eben den Scheck erhalten hätte.

Eckert aber wurde von Gould für seine „Vermittlerdienste" mit der Stelle des Präsidenten der Atlantic und Pacific Telegraph Company belohnt.
Edison hatte Gould über Prescotts vertragliche Beteiligung als Miterfinder der Quadruplex unterrichtet. Mit scheinheiliger Empörung stachelte dieser nun Edisons Ärger an: Jenes Abkommen sei „schändlicher Betrug am wirklichen Erfinder", man habe den Geschäftsunkundigen sich absichtlich „verstricken" lassen, aber nun würde er, Gould, „ihn retten". Fest steht, daß Edison für die 30 000 Dollar nur seine eigenen Rechte an der Quadruplex an einen von Goulds Agenten — um den Besitzwechsel möglichst lange zu verschleiern — abtrat. Damit war Gould zu gleichen Teilen Eigentümer der Quadruplexerfindung wie die Western Union, die die Hand auf Prescotts Anteil hielt. Mit dieser halben Eigentümerschaft der Erfindung und der Versicherung der Dienste des wirklichen Erfinders gedachte er die Konkurrenz endlich niederzuzwingen.
Der legendäre Telegraphenkrieg zwischen Gould und der Western Union wurde von 1874 bis 1880 überwiegend vor Gericht ausgekämpft. Die Western Union stellte die Rechtmäßigkeit des Kaufs der Edisonschen Patentanteile durch Gould in Zweifel. Vor Prozeßbeginn hatte Orton noch versucht, Edison durch sofortige Bezahlung nach den von ihm vor Monaten gestellten Bedingungen umzustimmen, aber dieser kündigte im Januar 1875 der Western Union das vereinbarte Abkommen. Als Begründung führte er an, er sei zu oft im Stich gelassen und zu knausrig mit Geldmitteln bedacht worden.
Was er nicht schrieb, was ihn aber ebenso verbitterte, war, daß er Tag und Nacht schuftete und alle seine geistigen Fähigkeiten einsetzte, während sein „Coerfinder" von seiner Arbeit und seinem Ruhm schmarotzte. Und gerade den Ruhm wollte Edison, nachdem er plötzlich frei von finanziellen Sorgen war, nun nicht länger teilen. Für ihn

selbst war die Quadruplexerfindung der absolute Höhepunkt seines bisherigen Schaffens. Bei der jahrelangen intensiven Beschäftigung mit dieser Erfindung hatte er die Notwendigkeit systematischen Vorgehens und wissenschaftlich fundierter Kenntnisse neben der praktischen Erfahrung beim Erfinden einsehen müssen. Seine intellektuellen Fähigkeiten waren bei dieser Arbeitsweise gewachsen. So wenig man heute noch über die Quadruplextelegraphie Edisons nachlesen kann — zu jener Zeit wurde sie enthusiastisch als Meistererfindung seiner Jugend gepriesen, und, was wichtiger war, auch in Europa, in technischen sowie wissenschaftlichen Kreisen, wurde sein Name erstmals publik. Wenig günstig für sein sich eben bildendes Ansehen war es deshalb, daß er von den sich bekriegenden Telegraphengesellschaften immer wieder ins Kreuzfeuer ihrer Gerichtsschlachten geschickt wurde, an denen die Öffentlichkeit lebhaften Anteil nahm. Die Western Union beschuldigte ihn des gemeinen Verrats und beschimpfte ihn „Erfinderschuft" und „Professor der Duplicity". Goulds Anwälte hingegen bezichtigten Orton und Prescott wegen ihrer Manipulationen um Prescotts Miterfinderanteil bewußter Betrugsabsichten gegenüber Edison.
Im Frühjahr 1875 fusionierte Gould die einzelnen von ihm kontrollierten Telegraphengesellschaften mit der Atlantic and Pacific Company, deren Aktienkapital dadurch gewaltig anschwoll. Edison hatte er für seine großen Verdienste um den Profit der Gouldschen Telegraphengesellschaften schriftlich „ein Zehntel" aus dem Nutzen seiner Erfindungen versprochen, das wären wahrscheinlich etwa 250 000 Dollar gewesen, die er in Form von Aktienanteilen erhalten sollte, und ihm außerdem den gutbezahlten Posten des Chefelektrotechnikers der neuen großen aus der Fusion entstandenen Telegraphengesellschaft zugesichert. Aber von alledem wurde nichts wahr. Gould zahlte zwar eine größere Summe an den Hauptaktionär, die anderen Aktionäre der Automatic Telegraph Company und Edison erhielten dank Goulds Rechtsverdrehungskünsten keinen Pfennig. Wie viele andere, die für Gould gearbeitet und in ihn ihr Vertrauen gesetzt hatten, mußte auch Edison erfahren, daß dieser seine Teilhaber genau so betrog wie seine Gegner. Zutiefst enttäuscht vollzog Edison nicht nur die äußerliche Trennung von Jay Gould, um wieder für die Western Union zu arbeiten, die ihn nur allzugern und triumphierend aufnahm.
Friedrich Engels charakterisierte Gould und Vanderbilt in seiner

Schrift „Die Rolle der Gewalt in der Geschichte" als geborene und
geriebene Geschäftsleute, als jene Kapitalisten, die ohne Skrupel oder
menschliche Rücksicht die Epoche der Monopolisierung in den USA
einleiteten. Gould war als Prototyp dieser Klasse bei den amerikanischen Arbeitern, die bei ihren Demonstrationen eine ihm gleichende,
an einem Galgen hängende Strohpuppe mitführten, ebenso verhaßt
wie bei den betrogenen Erfindern und Geschäftspartnern.
Nachdem die Western Union bis zum Jahre 1876 alle ihre Telegraphenlinien auf das Quadruplexsystem umgestellt hatte, wies die Jahresbilanz über 500 000 Dollar Gewinn aus, der sich in den folgenden
30 Jahren auf 20 Millionen Dollar steigerte. Es ist deshalb nicht
verwunderlich, daß Gould nach den enormen Profiten, die die
Quadruplexerfindung sowohl der Western Union als auch seiner eigenen Atlantic and Pacific Telegraph Company brachte, danach
strebte, diese Geldflüsse zu einem Strom zu vereinen, dessen Lauf kein
anderer als er allein leiten und regulieren würde. Dafür war er auch
bereit, die Kämpfe um den Alleinbesitz von Edisons Quadruplex-
patent zu beenden. Im Januar 1881 wurde die Fusion der Atlantic and
Pacific Telegraph Company mit der Western Union beschlossen, die
Gould, der nunmehr die absolute Aktienmehrheit besaß, bis zu seinem
Tode die Vorherrschaft über das mit diesem Schritt vollständig ver-
einte amerikanische Telegraphenwesen sicherte.
„Als Gould die Western Union bekam", sagte Edison, „wußte ich, daß
kein weiterer Fortschritt möglich war, und ich ging in eine andere
Richtung."
Allgemein betrachtet zeigte der „Große Telegraphenkrieg", wie mit
der Entwicklung der Monopole der Einfluß des Geldes auf die Produktion stärker und verwickelter wird. Durch die enge Verbindung
der Industrie mit dem Bankkapital bekommen die Produktionsmittel
ein doppeltes Angesicht. Die Betriebe haben sich bald auch dem Interesse der unmittelbaren Produktion, bald aber auch nach dem Interesse
der Aktionäre zu richten. Das wohl schlagendste Beispiel dafür war,
wie Friedrich Engels schreibt, die nordamerikanische Eisenbahn und
das damit verbundene Telegraphennetz, deren Betriebsfähigkeit von
den momentanen Börsenoperationen eines Gould und Vanderbilt
abhing. Es ging dabei nicht um das Interesse der Produktion und des
Verkehrs, sondern allein darum, den eigenen Gewinn zu erhöhen und
die Rivalität des anderen Unternehmers auszuschalten. Auf diesem
Wege waren den Aktienbesitzern alle Mittel recht.

Der Zauberer von Menlo Park

Nach dem Tod der Mutter hatte Edison seinen Vater öfter gedrängt, ihn doch zu besuchen. 1876 reiste der nun 70jährige von Port Huron nach Newark, um sich endlich die Schwiegertochter und die Enkelkinder anzusehen, vor allem aber, um sich augenscheinlich von den Erfolgen des Sohnes zu überzeugen. Schon was er in den Werkstätten sah und hörte, beeindruckte ihn. Von den Ideen und Plänen Edisons war er überwältigt. In den folgenden Wochen kutschierte Samuel Edison durch New Jersey, um ein weiträumiges, ruhiggelegenes Grundstück ausfindig zu machen. 40 km von New York entfernt fand er, was der Sohn suchte: Menlo Park, ein Flecken mit nur 7 Anwesen.
Hier ließ Edison ganz nach seinen Vorstellungen ein langgestrecktes, vielfenstriges, einstöckiges Gebäude errichten. Im Erdgeschoß befanden sich ein Konstruktionsraum, eine kleine Bücherei und ein Büro, im oberen Stockwerk zogen sich in einem einzigen durchgehenden Raum deckenhohe Regale, nur von den Fenstern unterbrochen, längs der Wände hin, in denen Instrumente, Material und Chemikalien übersichtlich und griffbereit aufbewahrt wurden. Die Experimentier-

4 Laboreinrichtung in Menlo Park

tische, Batterien und andere Geräte standen frei im Raum. Diese wohldurchdachte Einrichtung ließ für die 13 Spezialmechaniker, die hier mit Edison arbeiteten, viel Beweglichkeit ohne gegenseitige Störungen zu. Die Ausstattung des Laboratoriums mit modernsten Experimentiergeräten und Arbeitsmitteln kostete beinahe 40 000 Dollar.

Ein einfaches Farmhaus mit 6 Räumen wurde das neue Heim der Familie. Mary, von Kind an das turbulente Großstadtleben gewöhnt, fand sich nur widerwillig in die Einsamkeit von Menlo Park. Edison hingegen hatte gerade diese Abgeschiedenheit gesucht, um sich fern und unabhängig von den industriellen Unternehmen der Städte und ihren Beeinflussungen endlich ungestört nur noch dem Forschen und Erfinden widmen zu können. Deshalb wollte er auch nicht mehr selbst fabrizieren und liquidierte seine Werkstatt in Newark.

Als Edisons Vorhaben bekannt wurde, sagte man ihm allgemein nur kurze Dauer voraus, da dem Erfinder zur Forschung im großen Maße Ausbildung und Organisationserfahrungen fehlen würden. Edisons Gedanken und Pläne waren in der Tat völlig neu. In Menlo Park sollte Erfinden tägliche Arbeit sein, Beruf, und neuartig für die Funktion eines Laboratoriums war auch, daß hier die unterschiedlichsten Erfindungen gemacht werden sollten. Seine eigenen wie auch die schöpferischen Kräfte seiner Mitarbeiter würden sich nun ohne Abhängigkeitsverhältnis von der Industrie entfalten können. Das hieß durchaus nicht, jeder dürfe wahllos seiner Inspiration folgen.

Edison blieb seinem Grundsatz treu: Bevor eine Erfindung gemacht werden könne, müßten die Marktbedürfnisse erkundet werden. Er ging so weit, daß der Erfinder nicht nur die Notwendigkeit, das Bedürfnis nach seiner Erfindung erkennen, sondern daß sie als Forderung, Auftrag an ihn herangetragen werden müsse. Damit erst würde sich das Erfindungswesen wirklich professionieren lassen. Edison hatte durch seine persönlichen Erfahrungen zu einer neuen Auffassung über die Aufgaben des Erfinders und das Wesen der Erfindung gefunden: Entgegen der herkömmlichen Ansicht, Erfindungen seien geniale Schöpfungen, stellte er die Forderung auf, daß die vorausschaubare Nützlichkeit und der spätere Gebrauchswert den Wertmaßstab einer Erfindung darstellen. Er meinte, eine Erfindung müsse bis zur Produktionsreife entwickelt werden, um dem technischen Fortschritt zu dienen. Dabei spiele der finanzielle Gewinn für den Erfinder eine Nebenrolle.

Edisons Auffassungen konnten unter den Bedingungen des Kapitalismus nur ideeller, theoretischer und privater Natur bleiben. In der Praxis überließ er seine Erfindungen den Gepflogenheiten der kapitalistischen Industrie und billigte damit den kapitalistischen Grundsatz vom Profit als Wertmaßstab einer Erfindung. In seiner ideellen Konzeption schwebte Edison noch vor, die Erfindung könne als „Dienerin" der Industrie zur „Dienerin der Menschheit" emporgehoben werden. Den Praktiken zufolge, denen sie unterworfen war, wurde sie zur Sklavin des Kapitalismus.

Vor allem durch seine telegraphischen Erfindungen war Edison so berühmt geworden, daß die New Yorker Großunternehmer ihn nun in Menlo Park aufsuchten, um ihn für Tests, Verbesserungen, Gutachten, aber auch für neue Erfindungen zu gewinnen. Menlo Park wurde damit zum Vorläufer der industriellen Forschungslaboratorien in Amerika, nach dessen Vorbild die Bell Telephone Company, die General Electric und andere Monopolgesellschaften Jahre später ihre Forschungslaboratorien einrichteten. Im Gegensatz zu den wenigen damals in Amerika, meist an Hochschulen, bestehenden Laboratorien für physikalische Forschung, an denen vorwiegend Grundlagenforschung betrieben wurde, war Menlo Park so etwas wie eine „wissenschaftliche Fabrik", wo unter Edisons Leitung in Gemeinschaftsarbeit von Technikern und Wissenschaftlern praktische, allgemeinnützliche Erfindungen entstanden, die aber nicht minder die Einbeziehung wissenschaftlicher Kenntnisse forderten. Als Edison sagte, daß sie in Menlo Park alle 10 Tage eine kleine und etwa alle 6 Monate eine größere Erfindung machen würden, glaubte man ihm nicht. Aber auf dem Patentamt wurden über 40 Patente im Jahr auf seinen Namen registriert. Die Grundideen für diese Erfindungen stammten zwar von Edison; aber die Gemeinschaftsarbeit, die er in zunehmendem Maße zur Arbeitsform von Menlo Park entwickelte, widerlegt die mancherseits geäußerte Behauptung, Edison sei der letzte „Erfinder im Alleingang" gewesen. Mit dem Projekt Menlo Park leistete er Pionierarbeit für die industrielle wissenschaftlich-technische Forschung. Edison ließ den Beruf des Erfinders nicht nur zum Begriff werden, er demonstrierte auch an seinem eigenen Werdegang, wie diese bislang so unsichere und wenig angesehene gesellschaftliche Stellung durch schöpferische Fähigkeiten und die nötige Anpassung an die ökonomischen Bedingungen des Kapitalismus zu einem angesehenen und einträglichen Beruf werden konnte.

Die Verwirklichung seiner Ideen war vor allem möglich, weil Edison jedes verdiente Geld augenblicklich wieder in neue Erfindungen steckte. Es wurde oft behauptet, Edisons manchmal an Sturheit grenzende Ausdauer, mit der er eine Erfindung bis zur absolut möglichen Perfektion ausreifen ließ und sie damit für die Industrie nicht nur marktfähig, sondern auch äußerst profitabel, vor allem gegenüber konkurrierenden Unternehmen machte, zeuge von seiner Gewinnsucht, und in Wahrheit sei auch ihm seine Erfindungsgabe nichts als ein Mittel, Geld zu machen. Dem widerspricht die Tatsache, daß er zeitlebens aus seinen Erfindungen weit weniger Gewinn zog, als man es bei seinem Spürsinn für erfolgversprechende Neuheiten und seiner praktischen Veranlagung, Eigenschaften, die eigentlich auf gewisse kommerzielle Fähigkeiten schließen ließen, erwarten konnte. Aber bei aller Lebensgewandtheit fehlte ihm der Sinn für das rein Kaufmännische und für Verwaltungsangelegenheiten.

Das zeigt unter vielem seine Nachlässigkeit in der Verwaltung seines Vermögens. In der Werkstatt in Newark bestand die ganze Buchhaltung aus zwei Nägeln in der Wand, auf die er noch zu bezahlende oder ausstehende Rechnungen steckte, bis finanzielles Chaos und drohender Ruin ihn zur Anstellung eines Buchhalters zwangen. Aus seinen ersten Patenten ging ihm nahezu aller Gewinn verloren, weil er den Winkelzügen seiner Finanzgeber und eines betrügerischen Patentanwaltes nicht gewachsen war. Für sein Mikrophonpatent fand ihn die Western Union mit 100 000 Dollar ab, die er sich in Raten zu 6 000 Dollar jährlich für die 17 Jahre der Patentdauer ausbedingte, um damit seiner Ausgabefreudigkeit eine Schranke zu setzen. Er hatte nicht überlegt, daß ihm der übliche 6prozentige Zinssatz nochmals fast die gleiche Summe eingetragen hätte. Seine Einstellung zum Geld wird auch darin sichtbar, wie er seine Verluste hinnahm. Beim Projekt der Erzscheidung zum Beispiel büßte er sein gesamtes Vermögen ein. Wie bei jedem Fehlschlag begann er gelassen aufs Neue oder in diesem speziellen Falle mit etwas Neuem. Manchmal schien es, daß er Geld überhaupt nur verdiente, um seine unerschöpflichen Ideen verwirklichen zu können. Das war seine Leidenschaft.

Nach seinem Entschluß, nicht mehr auf dem Gebiet der Telegraphie zu arbeiten, befaßte sich Edison auf der Suche nach einer neuen einschlagenden Erfindung 1877 mit einer Vielzahl unterschiedlichster Projekte, zu denen auch die Untersuchung von Drogen und Chemikalien gehörte – u. a. fand er dabei ein Lösungsmittel für die Salze der

Harnsäure, mit dessen Hilfe ein Medikament zur Behandlung der Gicht hergestellt werden konnte. Er versuchte, noch erfolglos, eine Glühlampe herzustellen, und experimentierte, gleich vielen Erfindern jener Zeit, mit der Übertragung von Musik und menschlicher Sprache. Ein Ergebnis dieser akustischen Versuche war das Megaphon.

Beim Telephon, einer wirklich internationalen Erfindung, spielte Edison nicht die erste Rolle, aber sein Beitrag war für den Gebrauchswert dieses Apparates entscheidend. Einen Ursprung hatte die elektrische Übertragung von Schallwellen in der „galvanischen Musik" des Amerikaners Charles G. Page, der 1837 das Tönen eines in einer Spule steckenden Eisenstabes wahrnahm, wenn der Spulenstrom ein- und ausgeschaltet wurde. Voraussagen des französischen Telegrapheninspektors Charles Bourseul für ein Telephon wurden nicht beachtet, bis sich um 1860 der deutsche Physiker Philipp Reis experimentell damit beschäftigte. Sein Telephon, wie er das Gerät nannte, bestand aus einem „Geber" mit einer schwingungsfähigen Membran, die Platinkontakte im Rhythmus des Schalls unterbrach, und einem Empfänger nach Page. Obwohl damit Musik recht gut, Sprache jedoch nur mangelhaft übertragen werden konnte, wurde eine Anzahl Reisscher Geräte von einem Frankfurter Mechaniker hergestellt, und genaue Beschreibungen waren in alle Welt verschickt worden. Einen dieser Konstruktionspläne erhielt 1875 Edison von Orton, der ihn mit dieser „Gabe" wieder für die Western Union zu gewinnen suchte. Edison interessierte sich dafür und baute Reis' Geräte nach. Aber zu dieser Zeit führte er die Versuche damit nicht weiter. Ob das Gerät seine Erwartungen nicht erfüllte und er vorerst keine Möglichkeit der Verbesserung sah, ist unbekannt.

Um 1874 experimentierten auch der nach den USA ausgewanderte Taubstummenlehrer Alexander Graham Bell und der amerikanische Erfinder Elisha Gray mit dem sogenannten „elektroharmonischen Telegraphen", einer neuen Methode der Vielfachtelegraphie. Durch Stahlstäbe oder Stimmgabeln, die mit ihrer Eigenfrequenz schwingen, wurden Wechselströme verschiedener Frequenzen in Spulen induziert, mit denen gleichzeitig mehrere Nachrichten auf einer Leitung übermittelt werden sollten. Elisha Gray soll auf diese Art mit Stimmgabeln schon 1874 zwischen Michigan und Detroit auf einer Strecke von über 400 km musikalische Töne auf Telegraphenleitungen übertragen haben. Als Bell 1875 diese Methode der Vielfachtelegraphie auf Leitungen der Western Union ausprobierte, mußte er feststellen, daß

Gray ihm darin zuvorgekommen war. Edison hatte ein ähnliches Gerät, einen Schallfrequenzanalysator, entwickelt, der aus zwei hohlen Metallzylindern und einer Membran mit einem darunter angebrachten Elektromagneten bestand. Die durch Schallschwingungen angeregte Membran induzierte in den Elektromagneten elektrische Schwingungen, die analysiert werden konnten.

Aber den entscheidenden Schritt zum technisch brauchbaren Telephon ging als erster Bell, der sich als Taubstummenlehrer intensiv mit der Entstehung und Ausbreitung von Sprachschwingungen, insbesondere mit Hermann von Helmholtz' Werk über die Tonempfindungen, befaßt hatte. Im Juni 1875 hörte er die ersten Worte über sein Telephon, bei dem die Schwingungen einer Membran entsprechende elektrische Schwingungen in einer Spule induzierten, die in einem ebenso aufgebauten Hörer wieder in Schallschwingungen umgewandelt wurden. Bis Februar 1876 hatte Bell sein Gerät soweit durchkonstruiert, daß er es zum Patent anmeldete. Nur wenige Stunden später oder früher — der genaue Zeitpunkt ist nicht mehr feststellbar — meldete Gray sein Telephon zum Patent an, das mit einem nach den Schallschwingungen veränderlichen elektrolytischen Widerstand als Mikrophon und einem Hörer gleich der Bellschen Konstruktion arbeitete. Obwohl Grays Apparate zu diesem Zeitpunkt funktionsfähiger waren, erhielt Bell, möglicherweise mit Hilfe eines bestochenen Patentamtangestellten, schon im März 1876 Patentrechte für Telephone zugesprochen, die weit über seine eigene Konstruktion hinausgingen.

Bell bot der mächtigen Western Union seine Patentrechte für 100 000 Dollar zum Kauf an. Präsident Orton wies jedoch dieses „elektrische Spielzeug" zurück. Offenbar scheute aber wie bei anderen durchgreifenden Neuerungen das kapitalistische Unternehmen vor den Entwicklungskosten zurück und behinderte damit den technischen Fortschritt. Außerdem schien das Telephon geeignet, die Telegraphie zu verdrängen sowie deren ökonomische und technische Basis zu erschüttern. Trotzdem verfolgte man die Entwicklung des Telephons aufmerksam. Schon auf der 100-Jahr-Ausstellung in Philadelphia 1876 erregte Bells Telephon Aufsehen. Andere kapitalistische Kreise fanden sich, mit deren Hilfe die Bell Telephone Company gegründet wurde. Erste örtliche Telephonnetze und Telephonämter wurden errichtet. Aber mit Bells Geräten konnte nur über Entfernungen von einigen Kilometern mit befriedigender Lautstärke telephoniert werden.

Das war die Situation, in der auch die Western Union in das Telephongeschäft einsteigen wollte, und sie fragte bei Edison an, ob er das Telephon entscheidend verbessern könne. Edison sagte zu. Aus seiner Vertrautheit mit Apparaten von Reis kam er im Frühjahr 1877 zu zwei großen Ideen für die Vervollkommnung des Telephons. Ein Mikrophon nach der Bauart von Reis sollte mit einem Hörer von Bell verbunden werden, so daß in jedem Apparat Mikrophon und Hörer als getrennte Geräte vorhanden waren. Das Entscheidende aber war, daß er statt der von Reis benutzten Platinkontakte im Mikrophon einen druckabhängigen Kohlewiderstand verwenden wollte, dessen Eigenschaften er schon bei der Vielfachtelegraphie kennengelernt und ausgenutzt hatte. Er stürzte sich in Versuchsreihen, um die richtige Kohlemodifikation und ihre Verteilung im Mikrophon herauszufinden. Mit einer sehr dünnen Membran, die ihre Schwingungen mittels einer Feder auf zwei aufeinanderliegende Kohlestücke aus Lampenruß übertrug, hatte er erste Erfolge. Eine weitere Verbesserung gelang ihm, als er in den Mikrophonkreis mit der Batterie einen Übertrager als Transformator einschaltete, der nur die elektrischen Schwingungen auf die Fernleitung übertrug, eine Anordnung, die er wahrscheinlich von Gray übernahm.

Die Vorführung seiner Geräte im März 1878 vor den Direktoren der Western Union war eine Sensation. Auf einer Telegraphenleitung über mehrere 100 km wurde eine klare Verständigung bei großer Lautstärke erreicht. Daraufhin gründete die Western Union mit einem Kapital von 300 000 Dollar die American Speaking Telephone Company, die mit Edisons Mikrophon und Grays Vorpatent (Caveat) für einen Hörer einen Telephondienst über Telegraphenleitungen organisierte. Die Bell Company verfügte kurze Zeit über kein vergleichbares Mikrophon. Sie kaufte das Vorpatent Emile Berliners über ein Mikrophon mit losen Kohlekontakten, das um die gleiche Zeit, wahrscheinlich aber vor Edisons Kohlemikrophon im Patentamt angemeldet worden war. Beide Mikrophone bildeten den Ausgangspunkt einer fast unübersehbaren raschen Entwicklung, die über Hughes' Kohlekontaktmikrophon zum heutigen Kohlekörnermikrophon führte.

In den Jahren 1878 und 1890 entbrannte der Konkurrenzkampf zwischen der Western Union und der Bell Company um das Monopol in der amerikanischen Telephonindustrie, der durch Patentprozesse vor allem auf den Rücken der Erfinder ausgetragen wurde. Die ursprüngliche Anklage der Bell Company richtete sich gegen die ungesetzliche Verwendung von Bells Hörer durch die Tochtergesellschaft der Western Union. Nach langen Befragungen und Verhören über die Priorität zwischen den Erfindungen Bells und Grays wurde auch die Priorität Edisons bei der Erfindung des Kohlemikrophons angezweifelt. Dadurch verzögerte sich die Erteilung des Patents für sein Kohlemikrophon bis 1892. Als man schließlich auf die Priorität des 1874 verstorbenen Reis bei der Erfindung des Telephons zurückging, wurden die Verhältnisse ganz und gar unübersichtlich, so daß die Anwälte einen außergerichtlichen Vergleich empfahlen. Im Oktober 1879 kam es zu einem Kompromiß. Die Western Union erkannte die Gültigkeit von Bells Hörerpatent an, und verkaufte ihre Telephonlinien an die Bell Company. Gestützt auf Edisons Mikrophonrechte, die mit an die Bell Company übergingen, gelang es der Western Union aber, für 17 Jahre einen Gewinnanteil von 20 % der Telephongebühren ihrer ehemaligen Telephonlinien zu erhalten, der 3,5 Millionen Dollar einbrachte.

Da nunmehr die unbeschränkte Kontrolle über die sich ausweitende amerikanische Telephonindustrie von der Bell Company übernommen worden war, bangte Edison zu Recht um seine Abfindung. Als er den Präsidenten der Western Union aufsuchte, fragte ihn dieser, wieviel er für seine Erfindung haben wolle. Er hatte ungefähr 25 000 Dollar im Sinn, ließ aber Orton einen Vorschlag machen. Mit dem Angebot von 100 000 Dollar war er mehr als zufriedengestellt. Insgesamt machte diese Summe nur einen winzigen Prozentsatz des Gewinnanteils aus, den die Western Union von der Bell Company erhielt. Trotzdem war Edison damit noch der höchstbezahlte Erfinder Amerikas. Seine Miterfinder Berliner und Gray mußten sich mit weit weniger zufrieden geben.

Zur gleichen Zeit kam es in England bei der Übernahme der Telephonpatente zu einer etwas andersgelagerten Kontroverse, die die Stellung des Erfinders während der Herausbildung des Monopolkapitalismus beleuchtet. Nachdem schon 1877 eine Bell Company für Großbritannien gegründet worden war, meldete auch Edison sein Kohlemikrophon in England zum Patent an. Nach einer überzeugenden Vorführung seines Mikrophons, bei der eine Verständigung über 160 km erzielt worden war, fanden sich in England genügend Geldgeber, die eine Gesellschaft zur Ausbeutung von Edisons Telephonpatenten bildeten. Beide Gesellschaften suchten zur gleichen Zeit bei der englischen Post um Erlaubnis nach, Telephonlinien zu errichten.

Aber die Bell Company klagte gegen die englische Edison Telephone Company wegen der illegalen Benutzung von Bells Hörerpatent. Da nach dem strengeren englischen Patentgesetz ein Prozeß wahrscheinlich zugunsten Bells ausgegangen wäre, drängten Edisons Anwälte auf einen Kompromiß, rieten sogar zur Zusammenlegung. Weil aber die Vertreter Bells zuviel forderten, kabelte Edison noch kurz vor Abschluß der Verhandlungen nach England, daß er einen neuen Hörer erfinden werde, mit dem Bells Patent umgangen werden könne.

Edison entwickelte kurzfristig einen Hörer ohne Elektromagneten (dem Kernstück des Bellschen Hörers), bei dem ein mit einer Membran verbundener Metallfinger auf der rotierenden Oberfläche eines feuchten Kreidezylinders schliff. Wie Edison schon von seinem „Kreiderelais", das er zur Umgehung des Patents für das elektromagnetische Relais von Page 1874 für Gould konstruiert hatte, her wußte, wurde die Reibung zwischen Kreide und Metallfinger entsprechend der wechselnden Stromstärke verändert und die Membran dadurch zum Schwingen gebracht. Die Energie für die Schwingungen wurde von dem mit der Hand gedrehten Kalkzylinder geliefert und durch die unterschiedliche Reibung gesteuert. Der „Kreidehörer" wurde von Edisons amerikanischen Telephonexperten, die zu diesem Zweck nach England gekommen waren, dem englischen Premierminister und dem Prinzen von Wales 1879 mit großem Erfolg vorgeführt.

Obwohl dieses Gerät weitaus komplizierter war als Bells Hörer, verbesserte es die Lage der Vertreter Edisons in den Fusionsverhandlungen, weil es das Patentmonopol Bells zerstörte. Edisons Londoner Vertreter kabelte ihm, daß. er auf diese Weise „30000" von der fusionierten Gesellschaft erhalte. Damit war Edison zufrieden, aber beim Eingang der Anweisung um so erstaunter, daß es sich um 30000 Pfund Sterling und nicht um Dollar handelte, wie er angenommen hatte. So hatte er nach damaligem Kurs rund 150000 Dollar herausgeschlagen, also mehr, als er für sein Kohlemikrophon in Amerika bekommen hatte.

Diese Manipulationen zeigen einmal mehr, wie das Erfindungswesen zunehmend der widersprüchlichen Entwicklung des Kapitalismus untergeordnet wurde. Edison, der Gebrauchs- und Verkaufsfähigkeit einer Erfindung als Gradmesser für ihre Bedeutung betrachtete, sah sich nun gezwungen, seine Schöpferkraft auch in den Dienst kaum entwicklungsfähiger Erfindungen zu stellen, um die Patentgesetze zu

50

unterlaufen. Da die Telephonindustrie sehr schnell unter die Kontrolle
großer Monopolgruppen gelangte, die auch früh eigene spezialisierte
Industrielabors gründeten, verzichtete Edison auf eine weitere Mitarbeit an der Vervollkommnung des Telephons, da er — wie er meinte
— mit diesen nicht mehr mithalten könne.
Besonders beeindruckten die Auswirkungen der gesellschaftlichen
Widersprüche auf den persönlichen Bereich den 23jährigen rothaarigen
irischen Werbeangestellten der Londoner Edison-Gesellschaft,
George Bernhard Shaw. Er war damals weit mehr mit Physik beschäftigt als mit Literatur, so daß man der Ansicht war, daß er der
einzige in der Londoner Filiale wäre, der das Telephon wirklich
physikalisch erklären könne. Hier fand er das Material für seinen
ersten sozialkritischen Roman „The irrational Knot", in dessen Vor-
wort er seine amerikanischen Mitangestellten als energische, welt-
gewandte Menschen charakterisierte, die die englischen Klas-
senunterschiede verachteten, deren Energie aber zum großen Teil
wegen ihrer Unbildung in physikalischen Dingen brachlag.
Kurz vor der Erfindung des Telephons, als Bell, Gray und in geringem
Maße auch Edison mit der harmonischen Telegraphie experimentierten, beobachtete Edison eine Erscheinung, die seine größte Erfindung
hätte werden können, wenn er eine umfassende Kenntnis der elektrischen Theorien seiner Zeit gehabt hätte. 1875 notierte er, daß er bei
einer auf einen Stabmagneten gesteckten Spule, elektrisch zum
Schwingen angeregt durch einen dem Wagnerschen Hammer ähnlichen Mechanismus, starke Funken aus dem Eisenkern ziehen konnte.
Sogar wenn die Schwingspule durch einen Draht mit einem geerdeten
Gashahn verbunden wurde, ließen sich aus allen in der Nähe liegenden
metallischen Gegenständen, die nicht mit der Apparatur leitend
verbunden waren, Funken ziehen. Edison baute daraufhin einen
Kasten, in dem sich zwei mit einem Mikrometer verschiebbare Kohlespitzen eng gegenüberstanden, die mit einer Lupe beobachtet werden
konnten. In der Nähe von solchen „Schwingkreisen", nach der heutigen Bezeichnungsweise, sprangen zwischen den Kohlespitzen Funken über. Da das Elektroskop bei diesen Versuchen nicht ausschlug,
kam Edison zu der Überzeugung, daß es sich um eine nichtelektrische
Erscheinung bei der Funkenentstehung handele, der er den Namen
„ätherische Kraft" gab. Eine Veröffentlichung Edisons darüber rief
Widerspruch hervor, und 1876 wiesen zwei amerikanische Physik-
professoren nach, daß es sich um elektrische Effekte handelte. Auch

der durch Edisons Beobachtungen angeregte englische Physiker Silvanus P. Thompson, der den oszillatorischen Charakter des Effekts nachwies, verfolgte die Sache nicht weiter. Die Kontroverse um seine „ätherische Kraft" verstärkte Edisons erst später abgebautes Vorurteil gegenüber Theoretikern. Edison und auch weit besser ausgebildete Physiker hatten die Entdeckung der elektromagnetischen Wellen verfehlt, obwohl bereits seit 1865 Maxwells Feldtheorie existierte, die das Vorhandensein elektromagnetischer Wellen voraussagte. Erst Heinrich Hertz, der sowohl die Maxwellsche Theorie als auch die Experimentierkunst wie kaum ein anderer beherrschte, konnte 1887 mit gezielten Versuchen die elektromagnetischen Wellen nachweisen.

Rund 10 Jahre später kam Edison durch Experimente anderer wieder auf Induktionsversuche zwischen getrennten Stromkreisen zurück. Er konstruierte eine spezielle Telephon- bzw. Telegraphenanlage auf Eisenbahnwagen, mit der mittels Induktionsspulen entlang der Eisenbahnstrecke eine Verbindung mit dem fahrenden Zug möglich war. Diese durchaus funktionierende Einrichtung, von Edison „grasshopper-telegraph" (Grashüpfer-Telegraph) genannt, wurde patentiert und von der Western Union angekauft, die sie aber nicht verwertete. Trotzdem sann Edison weiter über die drahtlose Nachrichtenübertragung über größere Entfernungen nach. Er baute rund 30 m hohe Maste, an deren oberen Enden Metallplatten isoliert befestigt und elektrostatisch aufgeladen wurden. Die dadurch in einem entfernten Mast entstehende Influenzladung machte sich durch ein Knacken in Edisons Kreidehörer bemerkbar. Damit erzielte er Empfang bis zu 4 km. Sein Ziel, eine Verbindung zwischen Schiffen herzustellen, konnte er allerdings nicht erreichen. Es war einer der absurden Fälle der Patentgesetzgebung, daß er gerade für diese nicht funktionstüchtige Anlage das Schlüsselpatent in den Händen hielt und 1904 an die Marconi-Gesellschaft verkaufen konnte, da diese sonst seiner Lizenz zur Errichtung von Mastantennen bedurft hätte.

Nachdem die drahtlose Telegraphie ihren Siegeszug begonnen hatte, erinnerte sich Edison seiner Beobachtungen über die ätherische Kraft: „Wenn ich Gebrauch von meiner eigenen Arbeit gemacht hätte, würde ich eine Telegraphenübertragung über große Entfernungen gehabt haben." Dabei überschätzte Edison seine Kenntnisse. Da er nicht wußte, daß elektromagnetische Wellen durch hochfrequente Schwingungen erzeugt werden, wäre er kaum in der Lage gewesen, funktionsfähige Geräte zu entwickeln. Hier hatte der Erfinder und Wissenschaftler Edison die Grenzen seiner Leistungsfähigkeit erreicht. Doch seinem Erfindergeist blieben noch weite Gebiete offen.

Seine akustischen Versuche und Telephonexperimente inspirierten Edison zur Konstruktion einer „Sprechmaschine". Er hatte Helmholtz' Arbeiten über die Analyse des Wesens von Sprechen und Hören studiert, ebenso die Eigenschaften von Schallmembranen und sich mit Leon Scotts „Phonoautographen" beschäftigt, der Schallschwingungen auf Rußpapier aufzeichnete, allerdings ohne die Möglichkeit der Reproduktion.

Der Gedanke, die eigene und anderer Menschen Sprache ganz nach Wunsch und Gutdünken wiedergeben zu können, hatte für ihn etwas Faszinierendes. Möglicherweise war der tiefere Grund für diese Idee in seiner Schwerhörigkeit zu suchen, denn im Gegensatz zu den meisten seiner anderen Erfindungen, hatte er keinen Auftrag, ein solches Gerät zu erfinden. Schon während seiner Arbeit als Pressetelegraphist, als ihm das schnelle Aufschreiben der ankommenden Botschaften schwerfiel, hatte er versucht, ein arbeitserleichterndes Wiederholgerät zu konstruieren.

1877 ließ er eine neuerliche Verbesserung seines automatischen Telegraphen patentieren, den der Schallplatte ähnlichen „Telegraphenwiederholer". In eine rotierende Papierscheibe drückte ein sogenannter Punktpräger die ankommenden Telegraphenzeichen ein, die durch einen „Tonarm" bei Bedarf reproduziert werden konnten. Bei schneller Drehgeschwindigkeit der Scheibe war ein hoher musikähnlicher Ton zu hören. Auch beachtete er die starken Schwingungen von Membranen, wenn sie besprochen wurden. Beide Erscheinungen regten ihn an, einen „Telephonwiederholer" zu bauen, der die menschliche Stimme konservieren und reproduzieren konnte, ähnlich dem heutigen automatischen Telephondienst. Dieses Gerät war noch nicht als selbständiger Apparat gedacht, sondern als Vervollständigung des Telephons. Statt der Scheibe benutzte er nun einen mit dünner Metallfolie umwickelten Zylinder, auf den die Schwingungen von besprochenen Membranen mittels einer Nadel übertragen wurden. Die der menschlichen Stimme sehr ähnlichen Töne, die bei der Abtastung der in Rillen eingegrabenen Schwingungen zu hören waren, bewiesen ihm, daß er nahe am Ziel war.

Zu diesen Ergebnissen war er in 4monatiger Arbeit gelangt. Aus einer Eintragung in seinem Laboratoriumstagebuch vom 18. 7. 1877 geht hervor, daß er nach diesen Versuchen nicht mehr an der Möglichkeit zweifelte, die menschliche Stimme automatisch konservieren und reproduzieren zu können. Wahrscheinlich wurde ihm aber auch langsam klar, daß er kein Zusatzgerät zum Telephon, sondern eine völlig neue Erfindung gemacht hatte. Unter dem 29.11.1877 ist im Laboratoriumstagebuch eine erste detaillierte Skizze des Phonographen zu finden — daneben schon die Kalkulation des Herstellungspreises: 18 Dollar.

Edisons Mechaniker arbeiteten nach einem von ihm festgelegten Stücklohnsystem, das sie auf raffinierte Weise zwang, ihre Aufträge gut und schnell zu erledigen. Verwendeten sie nämlich zuviel Zeit auf eine Arbeit, erhielten sie nur Mindestlohn, gelang es ihnen hingegen, die Herstellungszeit und damit die Kosten zu verringern, zahlte Edison ihnen den zu seinem kalkulierten Preis eingesparten Differenzbetrag zum Lohn zu. Da er wohl wußte, wie sehr er von der speziellen Geschicklichkeit und der persönlichen Anteilnahme seiner Mitarbeiter an jedem Projekt abhängig war, sah er das beste Mittel zur Anregung und stetigen Erhaltung ihrer Arbeitslust in der Beteiligung der Besten am Gewinn, zuerst in Form von Geldprämien, später in Aktienanteilen.

Den ersten Phonographen mußte der überaus geschickte Kruesi nach Edisons Entwurf bauen, ohne daß er .ihm gesagt hatte, worum es diesmal ging. Kruesi baute ein solides Modell aus viel Messing und Eisen. Der 9 cm lange Zylinder ließ sich mittels einer Handkurbel an einer 30 cm langen Spindel drehen. 2 Membranen, die eine mit einer Aufnahmenadel, die andere mit einer Reproduktionsnadel verbunden, montierte er in verstellbare Röhren an den gegenüberliegenden Seiten des Zylinders. Als Kruesi nahezu fertig war, fragte er, wozu er das Gerät eigentlich baue. Edisons lakonische Antwort, die Maschine müsse sprechen, hielt er für einen Scherz. Dem talentierten Mechaniker, der sonst überaus schnell den Grundgedanken jeder Erfindung erfaßte, schien diese Idee ebenso absurd wie dem Maschinenmeister Carmann, der mit Edison um eine Kiste Zigarren wettete, daß das „Ding" nicht sprechen würde. Seine starke innere Erregung unter äußerer Gelassenheit verbergend, umgab Edison den Zylinder mit Zinnfolie, drehte langsam die Kurbel und schrie in eine der kleinen Membranen:

„Mary had a little lamb,   Marie hatte ein kleines Lamm,
Its fleece was white as snow,   Sein Fell war weiß wie Schnee,
And everywhere that Mary   Und überall dort wo Marie
      went,   ging,
The lamb was sure to go."   War auch das Lamm zu finden.

Darauf bewegte er die Spindel mit dem Zylinder bis zum Anschlagpunkt zurück, nahm die erste Membranröhre weg, gab der anderen die für die Schallwiedergabe notwendige Stellung und dreht wiederum die Kurbel. Aus der Membranröhre tönte deutlich Wort für Wort das Kinderlied, und es war unverkennbar Edisons Stimme. Kruesi erblaßte und murmelte fromme Worte in seinem heimatlichen Schweizerdeutsch. Auch die anderen Mitarbeiter, die Edisons Tun atemlos verfolgt hatten, waren eher betreten und sprachlos verblüfft, bis Carmann die Spannung durch den bedauernden Ausruf löste, nun habe er die Wette verloren. Edison selbst äußerte später, er wäre in seinem ganzen Leben nicht so überrascht und ergriffen gewesen, wie in diesem Augenblick, obgleich er doch immer begierig nach Dingen gewesen sei, die zum ersten Male gingen. Mit der Leidenschaft eines Kindes für ein neues Spielzeug probierte er nun Nacht für Nacht, sprach und sang auf die Membran, ließ sie von seinen Mitarbeitern besprechen und wurde nicht müde, sich an der Wiedergabe zu freuen. Er versuchte zu verbessern, denn bei diesem ersten Modell gehörte zum Beispiel viel Fingerspitzengefühl zur richtigen Justierung der Nadeln und zur Behandlung der Zinnfolie.
Anfang Dezember 1877 führte er den Phonographen im Büro des Herausgebers von „Scientific American" Journalisten vor, die auf die Ankündigung dieser Erfindung hin in Scharen gekommen waren. Ihre Zeitungen beschrieben am nächsten Tag in langen enthusiastischen Berichten „das Mirakel des 19. Jahrhunderts", und eine namhafte Zeitschrift nannte Edison „den größten Erfinder unseres Zeitalters".
Im gleichen Monat meldete Edison den Phonographen zum Patent an. Zum ersten und wohl auch zum einzigen Mal wurden vom Patentamt Bedenken hinsichtlich der Annahme einer Edisonschen Erfindung geäußert, weil der Gedanke an eine Maschine, die die menschliche Stimme konservieren und reproduzieren konnte, für die Beamten einfach unvorstellbar war und sie in ihren Akten auch keinen ähnlichen Vorschlag finden konnten.

Nichtsdestoweniger erhielt Edison bereits im Februar 1878 das Patent erteilt.

Schon im Januar war der Phonograph gleichzeitig mit Edisons neuem Mikrophon in England vorgestellt worden und hatte auf das Publikum dort ebenso sensationell gewirkt wie auf das amerikanische. Innerhalb von knapp zwei Jahren wurden die Menschen in Amerika und Europa von zwei ihren Lebensrhythmus verändernden Erfindungen geradezu überwältigt. Die meisten hatten die Wirkungsweise des Telephons noch gar nicht begriffen, als sie mit dem Phonographen konfrontiert wurden.

Der Phonograph zog 1878 Tausende nach Menlo Park, dem „Dorf der Wissenschaft", wie man sagte, und Edison war gern bereit, seinen Besuchern das Laboratorium zu zeigen und die Geräte in seiner einfachen verständlichen Art zu erklären. Er hielt das für die beste Form der Werbung für seine Produkte und seinen Namen. Trotz allem gab es noch Menschen, die den Phonographen für Schwindel hielten.

Anfang 1878 ließ sich der Physiker Joseph Henry den Phonographen

5 Edison an seinem verbesserten Phonographen von 1888 mit Hörern im Ohr. Links Batterie, vorn Wachswalzen

56

vorführen, und kurz darauf demonstrierte Edison die Wirkungsweise der „Sprechmaschine" vor beiden Häusern des Kongresses und vor dem Präsidenten. Keine seiner bisherigen Erfindungen hatte Edison so berühmt gemacht wie der Phonograph. Stieg er bei den Unternehmern und Finanzleuten lediglich in der Wertschätzung als Mehrer ihrer Profite, wurde er beim Volk populär und beliebt wie kein anderer. Als Edison von einem Reporter gefragt wurde: „Haben Sie nicht einen guten Teil von einem Zauberer?" antwortete er: „Oh nein, ich glaube nicht an diese Art von Dingen." Aber bald wurde „der Zauberer von Menlo Park" das Synonym für seinen Namen. Die Leute wollten ihn so sehen, als den „Alten", der alle mit schlau berechneter Faszination in Bann schlug, den Dr. Faustus voller Inspirationen.

Edisons rege Einbildungskraft sah viele reale Anwendungsmöglichkeiten für seine neue Erfindung. Sie würde sich zum Aufzeichnen und Wiedergeben von Briefen und Diktaten aller Art ohne Hilfe eines Stenographen bald die Büros erobern. Für Blinde fiele durch phonographische Bücher das ertastende Lesen weg. Schauspielern und Rednern wäre der Phonograph kritischer Helfer bei Vortragsübungen. Musik könnte zu jeder Zeit und überall gehört werden. Als eine Art „Familienrecorder" könnte er Erinnerungen an Familienmitglieder, an bestimmte Anlässe frischhalten, die letzten Worte eines Sterbenden bewahren. In Musikautomaten und klingende Spielzeuge ließe er sich leicht einbauen und in Uhren, die die Zeit ansagten. Beim Erlernen fremder Sprachen würde er die richtige Art der Betonung vermitteln, Lehrer könnten ihre Anweisungen und Erklärungen zur jederzeitigen Wiederholung für die Schüler aufzeichnen. Stimmen und Gedanken großer Staatsmänner, Künstler u. a. blieben der Nachwelt erhalten. Durch eine Verbindung mit dem Telephon ließen sich mit dem Phonographen permanente Aussagen vermitteln und so Personal einsparen.

Im Januar 1878 wurde von einer Finanzgruppe die „Edison Speaking Phonograph Company" gegründet, zum Zwecke der alleinigen industriellen Ausbeutung und des Verkaufs des Phonographen. Edison erhielt 10 000 Dollar und 20 Prozent Beteiligung an jedem verkauften Phonographen, die vorwiegend als Musikboxen in der Elektrowerkstatt von Siegmund Bergmann in New York hergestellt wurden. Anfänglich waren diese Musikboxen von sensationeller Anziehungskraft, und Unzählige drängten sich in Lokalen und auf Rummelplätzen um die Wundermaschinen. Die Neugier der Leute brachte Edison in

den ersten Wochen durchschnittlich 1 800 Dollar Gewinnbeteiligung
ein. Sobald aber die allgemeine Neugier befriedigt war, sank das
Interesse und damit die Besucherzahl rapid. Die ersten Phonographenwalzen hatten nur eine Spieldauer von anderthalb Minuten. Die Zinnfolie gab die Konsonanten viel zu weich wieder, und wurde der Zylinder nicht gleichmäßig gedreht, verzerrten Musik und Stimmen zur
Parodie. Wenn das Interesse und die Kauflust der Leute nicht er-
lahmen sollten, mußte der Phonograph schnell und weitestgehend
verbessert werden, um eine befriedigende Tonwiedergabe zu erreichen.
Die Aktionäre, aber auch Edison hatten nicht mit diesen Schwierigkeiten gerechnet. Was ihn am meisten ärgerte, war, daß der Phonograph in Geschäftskreisen als Diktiergerät nicht den Anklang fand,
den sich Edison gewünscht hatte, denn er sah darin vorläufig den
eigentlichen Zweck seiner Erfindung. So war der Phonograph in seinen
Augen zum Spielzeug ohne kommerziellen Wert degradiert worden,
und er gab die Beschäftigung mit seiner Lieblingserfindung, wie er sie
selbst nannte, schon 1878 wieder auf, genauer gesagt, er legte sie für
10 Jahre auf Eis.

Der Wettlauf um das elektrische Licht

War man bei dem Aufbau eines Telegraphennetzes im allgemeinen mit physikalischen Grundkenntnissen ausgekommen, so bildeten bei der Entwicklung von Starkstromnetzen die wissenschaftlichen Elektrizitätstheorien die Grundlage. Dieses qualitative neue Verhältnis zwischen Physik und Produktion wirkte sich auch auf die Produktionsverhältnisse aus. So bedingten u. a. hohe Entwicklungskosten, daß die entstehende Elektroindustrie in kurzer Frist monopolistischen Charakter annahm. Der Imperialismus als höchstes Stadium des Kapitalismus (Lenin) kündigte sich an. In diesem Prozeß wurden häufiger als zuvor Wissenschaftler und Techniker wie W. Thomson, Siemens und Edison zu kapitalistischen Unternehmern.

Seitdem Anfang des 19. Jahrhunderts Humphry Davy in England und Wasilii W. Petrow in Rußland mittels großer galvanischer Batterien zwischen Holzkohlestiften die ersten Lichtbögen zündeten, die ein strahlendes Licht verbreiteten, beschäftigten sich Wissenschaftler und Erfinder mit der Nutzung des elektrischen Stromes für die Beleuchtung. Ihre Versuche wurden von dem Zeitpunkt an wirtschaftlich vertretbar, als nach Faradays Entdeckung der elektromagnetischen Induktion 1831 „magnetelektrische Maschinen" (Generatoren) gebaut wurden, die kontinuierlich Starkstrom erzeugten, ohne sich wie die Batterien in kurzer Zeit zu erschöpfen. Ab 1860 wurden von der französischen Alliance-Gesellschaft Leuchttürme an der englischen Küste mit Bogenlampen ausgerüstet. 1878 erhielt Edison einen Bericht über die „elektrischen Kerzen" des russischen Erfinders Pawel N. Jablotschkow, die 800 m Pariser Straßen hell erleuchteten und durch Gramme-Dynamos mit Strom versorgt wurden.

Auch in Amerika begann man um diese Zeit Bogenlampen für Straßen und Fabriken zu produzieren. Edison, den gerade die Erfindung seines Phonographen beschäftigte, besuchte 1878 eine der ersten amerikanischen Fabriken zur Produktion von Dynamomaschinen und Bogenlampen. Jeder dieser Dynamos mit einer Leistung von 8 PS lieferte den Strom für etwa 8 in Reihe geschaltete Bogenlampen. Diese nach dem 1867 von Siemens, Wheatstone und Alfred Varley unabhängig voneinander gefundenen dynamoelektrischen Prinzip arbeitenden Generatoren beeindruckten Edison, der darin einen ökonomischen Weg der Stromerzeugung sah. Doch nach genauem Studium der Leistung und der Verluste der Dynamos sowie der Lebensdauer und Wartung der Bogenlampen verabschiedete er sich von dem Fabrikdirektor mit den Worten: „Ich glaube nicht, daß sie in der richtigen Richtung arbeiten." Denn Edison hatte eine eigene Idee von einem elektrischen Licht, das nicht grell, sondern warm leuchten sollte, eine „Unterteilung des Lichts", die wie das Gaslicht in jedem Haus genutzt werden konnte, aber weniger gefährlich und billiger als dieses sein würde. Edison hatte diese Idee nicht als erster. Bereits der nach den USA ausgewanderte Deutsche Heinrich Goebel sowie der Russe Alexander N. Lodygin, der Engländer Joseph W. Swan, der Amerikaner William F. Sawyer und andere hatten in den 60er bzw. 70er Jahren Glühlampen mit verschiedenen Materialien als Glühfäden konstruiert. Allen diesen Lampen war eine nur relativ kurze Brenndauer gemeinsam.

Gemäß seinem Grundsatz, Erfindungen als eine verkaufsfähige Ware zu betrachten, studierte Edison vorerst die Organisation, Ausbreitung und Kapitalkraft der Gasgesellschaften, die nur größere Städte, also etwa ein Viertel der Bevölkerung der USA versorgten, kalkulierte ihren Kohleverbrauch und verglich den Gaspreis mit dem voraussichtlichen Strompreis. Da Edisons Berechnungen positiv ausfielen, seine Vorläufer noch keine technisch brauchbare Glühlampe entwickelt hatten und ihm als „eigenes Geheimnis" die Parallelschaltung für die Energieverteilung vorschwebte, beschloß er, ein vollständiges Elektroenergieverteilungsnetz zu schaffen. Hatte er anfangs geschätzt, in 6 Wochen zum Ziel zu kommen, so wurde ihm jetzt bewußt, daß er mit diesem Plan nicht nur wie bisher ein neues Gerät erfinden, sondern ein völlig neues System entwickeln mußte, das sowohl gegenüber den bereits angewandten Bogenlampen als auch dem Gaslicht seine Konkurrenzfähigkeit erweisen mußte.

Erste Versuche im September 1878 mit Platinglühfäden und Kohlefäden in wenig evakuierten Gasflaschen schlugen fehl. Edison brauchte Geld, um die Versuchsreihen im großen Stil aufbauen zu können. Auf Anraten Grosnevor Lowreys, eines New Yorker Patentanwaltes, inszenierte er eine großangelegte Pressekampagne für das „Elektroenergiesystem". Mit übertriebenen Angaben, daß er mit einem Generator 1 000 Lampen versorgen, aber auch Energie für Elektromotoren der Kleinbetriebe, für Nähmaschinen und Fahrstühle liefern könne, erreichte er, daß die Gaslichtaktien 12% ihres Wertes verloren. Trotz der Einwände anderer Erfinder und Wissenschaftler war Edisons Ansehen bereits so groß, daß Lowrey eine Kapitalistengruppe unter Führung Vanderbilts und Morgans an Edisons Projekt interessieren konnte.

Im November 1878 wurde die Edison Electric Light Company mit einem Anfangskapital von 300 000 Dollar gegründet. Edison überließ der Gesellschaft die weltweite Patentvergabe und Lizenzierung seiner künftigen Erfindungen auf diesem Gebiet für 5 Jahre. War er erfolgreich, würde das ihm überlassene Aktienpaket auch für ihn Gewinn bringen, die Aktionäre aber würden einen ungeheuren Profit einheimsen. Blieb er ohne Erfolg — denn noch existierten kaum Entwürfe über sein „Lichtsystem" — wären seine Aktien wertlos, während die Kapitalistengruppe nicht mehr als einen Bargeldvorschuß von 50 000 Dollar einbüßen würde.

So war Edisons Risiko in diesem ersten Vertrag über eine vorläufig nur als Plan existierende Erfindung zwischen dem Finanzkapital und einer selbständigen Erfindergruppe weitaus größer. Der Industrialisierungsprozeß in der Elektrotechnik ging also zu Lasten des Erfinders und seiner Mitarbeiter, die aber ohne die finanzielle Unterstützung bei einem solchen umfassenden Projekt nicht vorankommen konnten, während die Kapitalisten die Notwendigkeit der Investitionen für wissenschaftliche Forschungen wohl erkannten, sich jedoch absicherten, indem sie u. a. ihnen ergebene Leute in Edisons Arbeitsteam unterbrachten und, auch im Interesse Edisons, Menlo Park für alle Besucher absperrten.

Edison wußte, daß er auf diesem Gebiet ein Wettrennen mit konkurrierenden Erfindern in England und Amerika zu bestehen hatte, die nichts unversucht ließen, das Vertrauen seiner Geldgeber in seine Arbeit zu erschüttern. So konnte Edison gerade noch die Absicht seiner eigenen Kapitalgesellschft verhindern, Sawyers Patente für eine Kohlenstiftlampe aufzukaufen. Deshalb war das Verhältnis zwischen Edison und seinen Finanziers gespannt, jedoch ließ er sich von ihnen nicht binden und behielt gegenüber den Geldleuten, die kaum die Schwierigkeiten und die Größe des Projekts einzuschätzen vermochten, seine Bewegungsfreiheit.

Im Herbst 1878 wurde das Labor Menlo Park um ein Maschinenhaus, einen Glasbläserschuppen, ein Büro und eine umfangreiche Bücherei erweitert. Die Anstellung des Mathematikers und Physikers Francis

R. Upton, der in Helmholtz' Berliner Labor gearbeitet hatte, bedeutete den Beginn eines Umschwungs in Edisons Forschungsarbeit. Edison bedachte Upton anfangs mit dem Spitznamen „Kultur". Als Upton mit der Volumenberechnung eines Glühlampenkolbens nicht zurechtkam, füllte Edison Wasser hinein und maß das Volumen mit einem Meßzylinder. Trotzdem entwickelte sich eine fruchtbare Zusammenarbeit zwischen beiden. Seine Abneigung gegen Theoretiker, spöttisch von Edison als Theo-ret-iker bezeichnet, mußte er bei diesem Projekt überwinden, denn keiner seiner hochspezialisierten Mechaniker und Ingenieure war in der Lage, die notwendigen Berechnungen und Entwürfe auszuführen. Edison hatte die Idee für die Hochohmlampe (100 Ω) bei einer Betriebsspannung von rund 100 V, die damals noch als gefährlich angesehen wurde. Upton berechnete eine solche Anordnung bei einer gegebenen Lampenzahl mit der Folgerung, daß man dann nur $^1/_{100}$ der Kupfermenge gegenüber einem von den meisten Erfindern angenommenen Niederspannungssystem von 10 V benötigte. Für Upton, der durch seine Arbeiten in Edisons Labor zu einem der ersten Industriephysiker wurde, bedeutete das ein Umdenken. Denn eine englische Kommission hielt Edisons Plan für unpraktisch, weil so angesehene Physiker wie W. Thomson und Tyndall von einem festen Wert der Stromstärke, den Generatoren für Bogenlampen lieferten, ausgingen. Ein solcher Generator und ein solches Verteilungssystem war aber für die Parallelschaltung ungeeignet.

Diese Kluft zwischen physikalischer Theorie und angewandter Wissenschaft suchte Edison durch Aufbereitung des wissenschaftlichen Vorlaufs in seinem Forschungsprogramm für Glühlampenfäden zu überwinden, das sich von dem Herantasten des empirischen Erfinders an eine Erfindung unterschied: Es enthielt Prüfungen des elektrischen Widerstandes, der Wärmestrahlung und der spezifischen Wärme von Substanzen in verschiedenen Formen bei Änderung der Temperatur in Abhängigkeit von Spannung und Stromstärke. Die Versuchsreihen mit Platindraht schienen noch immer am erfolgversprechendsten, da er mit einer vom Princeton College geliehenen neuartigen Sprengelpumpe ein höheres Vakuum erzielen und im Metall eingeschlossene Gase durch elektrische Erhitzung austreiben konnte.

Im April 1879 führte er seine Hochohmplatinlampe seinen mißtrauischen Geldgebern in Menlo Park vor. Aber diese Vorstellung endete mit einem Fiasko, da die Lampen binnen kurzem ausbrannten.

Daß er einen falschen Weg gegenüber der Bogenlampenindustrie eingeschlagen hatte, war noch der schwächste Vorwurf. Die von den Gasgesellschaften angeheizte Presse bezeichnete ihn als einen Scharlatan, der verzweifelt in Menlo Park sitze. Was man verschwieg war, daß Edison bereits wichtige Forschungsergebnisse aufzuweisen hatte. Edison hatte nach diesem Fiasko unbeirrt, aber zielgerichteter 3 Hauptlinien der Forschung ausgearbeitet, die in breiter Front in Angriff genommen werden sollten:
1. Entwicklung eines Dynamos, der eine konstante Spannung bei wechselnder Belastung abgab;
2. Vervollkommnung der Evakuationsmethoden;
3. Prüfung jeder Art Stoffe für ihre Verwendung als Glühfäden.
Beim ersten Problem ging Edison von dem in Europa verbreiteten Gramme-Dynamo aus, der einen Wirkungsgrad von ca. 40 % besaß. Wilhelm Webers Berechnungen des Leistungsmaximums einer Batterie oder eines Generators, die bei gegebenem äußeren Widerstand einen gleichen Innenwiderstand forderten, behinderte die weitere Entwicklung von elektrischen Generatoren, weil daraus irrtümlich gefolgert wurde, daß der Wirkungsgrad eines Dynamos im Höchstfall 50 % betragen könne, was die Erzeugung und Verteilung von Elektroenergie ökonomisch aussichtslos erscheinen lassen mußte. Edison setzte sich über diese theoretischen Bedenken hinweg, da er — wie er sagte — einen kleinen Innenwiderstand brauche, um die Energie außerhalb des Generators wirklich verkaufen zu können. So primitiv diese Anschauung auch erscheint, nach diesen Überlegungen konstruierte Upton nach dem Vorbild des Dynamos von Siemens einen Dynamo, der aus gewaltigen Feldmagneten mit regelbaren Wicklungen und einem aus gegenseitig isolierten Blechen aufgebauten Trommelanker mit dicken Ankerdrähten bestand. Damit wurde einer Erwärmung durch Wirbelströme vorgebeugt, eine Einsicht, die sich in Europa erst zögernd durchsetzte. Auch durch die größere Anzahl von Kollektorsegmenten lieferte dieser Dynamo einen geglätteten Gleichstrom bei einer Spannung 110 V, die auch bei Belastung konstant blieb. Das Hervorragende war jedoch, daß die Maschine bei voller Belastung einen Wirkungsgrad von 90 % bei der Umwandlung von mechanischer in nutzbare elektrische Energie aufwies und dadurch theoretische Vorurteile abgebaut werden konnten.
Damit war aber das Kernstück des Lichtsystems, die Glühlampe mit langer Lebensdauer, noch nicht erfunden. Edison erhoffte sich viel von

der Erzeugung eines besseren Vakuums im Glaskolben. Ein eigens dafür angestellter deutscher Glasbläser, Ludwig Böhm, der bei Heinrich Geißler, dem Erfinder der hochevakuierten Katodenstrahlröhren, gearbeitet hatte, blies nach Edisons Angaben Kolben, die er bei Hochvakuum mit eingebrachtem Glühfaden luftdicht verschloß. Mit Teer verknetete Kohlefäden aus Petroleumlampenruß wurden entsprechend den Vorausberechnungen für die Hochohmlampe nach genau bestimmter Dicke und Länge in feine Röhrchen gepreßt und unter Schwierigkeiten in den Glaskolben eingebracht. Edisons Vertrautheit mit den elektrischen Eigenschaften der Kohle von der Erfindung des Telephons her und Uptons Vorausberechnung der Relationen zwischen Widerstand, Strahlungsoberfläche und Glühfadentemperatur sicherten wohl wissenschaftliche Überlegenheit gegenüber den nur empirisch arbeitenden Erfindern, aber auch Edisons gesamte Arbeitsgruppe scheiterte vorerst an der porösen Beschaffenheit der Kohle. 2 bis 3 Stunden Brenndauer erreichten die Lampen, viel zu gering für die praktische Anwendung, bis Edison im Oktober 1879 darauf verfiel, einen Baumwollfaden zu verkohlen, den er in Kohlepulver einlegte und in einem hufeisenförmigen Schmelztiegel unter Luftabschluß hoch erhitzt. Dieser Glühfaden, das „Modell Nr. 9", hatte einen Widerstand von $113\,\Omega$ und glühte in der hochevakuierten Lampe rund 13 Stunden, bevor er brach.

So plötzlich am Ziel zu sein, überwältigte Edisons Mitarbeiter Über ein Jahr hatten sie fast ohne Hoffnung gearbeitet, nur angetrieben von Edisons Ausdauer. Die Untersuchungen konzentrierten sich nun auf strukturierte Fasern, auch Barthaare, bis Edison am 1. November 1879 ein Patent für eine Kohlefadenlampe mit einem Glühfaden aus Kartonpapier aufnehmen konnte, die 170 Stunden brannte. Das war jedoch nur ein vermeintlicher Erfolg, da andere Erfinder die Priorität für verkohltes Papier als Glühfäden beanspruchten und die Papierglühfäden außerdem oft brachen. Noch 1880, mitten in der Ausarbeitung des Verteilersystems, prüfte er eine Bambusfaser als Glühfaden, die bei rötlichem Licht eine Lebensdauer von 1 200 Stunden erreichte, ein Glühfaden, der viel billiger produziert werden konnte und mit dem er vorerst den Patentstreitigkeiten aus dem Wege ging. Rund 6 000 Pflanzenfasern wurden nun auf ihre Verwendbarkeit geprüft. Die Beharrlichkeit Edisons ging so weit, daß er „Fasersucher" in alle Welt schickte, die sich durch die Wälder des Amazonas, von Japan und China hindurcharbeiteten und alle Arten Fasern von Bambus, Palme und anderen Pflanzen sammelten, oft unter Einsatz ihrer Gesundheit und ihres Lebens. Als der Letzte um 1883 zurückkehrte, hatte Edison bereits die Bambusfaser verworfen und gespritzte Zellulose für Glühfäden verwendet.

Ende 1879 hatte Edison rund 42 000 Dollar für seine Forschungen ausgegeben, mehr Geld aus eigener Tasche, als die Unterstützung durch seine Gesellschaft betrug, wie er behauptete. Die Direktoren der Edison Light Company fanden das bisherige Forschungsresultat wenig ergiebig, deshalb bewilligten sie Edison nur eine geringe Summe für eine Modellanlage in Menlo Park. Trotz Edisons Einwand machte sein Anwalt die bisherigen Erfolge publik. Die Häuser von Menlo Park wurden mit Glühlampen beleuchtet. Von Eisenbahnreisenden, die dort vorbeifuhren, drang die Kunde der blinkenden Lampen nach New York. Während einer improvisierten Ausstellung in Menlo Park in der Weihnachtswoche und am Neujahrstag 1880 drängten sich Tausende durch die mit einigen Dutzend Glühlampen erhellten Räume, um das neue Licht und das Miniaturkraftwerk (ein Dynamo) zu sehen. Besondere Bewunderung erregte, daß sich das Licht schnell ein- und ausschalten ließ, was man vom Gaslicht her nicht gewöhnt war. Edison wurde um Auskünfte bedrängt, die von den Preisen der Lampen und den Allgemeinkosten bis zu der Frage gingen, wie er die „rotglühende Haarnadel" in die „Flasche" hineinbekäme. Edison sagte eine Wirtschaftlichkeit der Glühlampe und des ganzen Systems voraus, obwohl er wußte, daß zur Zeit noch 2 Mann 6 Stunden pumpen mußten, um das notwendige Hochvakuum zu erzeugen.

Der Erfolg der Schaustellung waren 57 000 Dollar von seiner Kapitalgesellschaft für Entwicklungskosten, die er für sein Pilotmodell in Menlo Park dringend brauchte, denn das gesamte elektrotechnische Material der Starkstromtechnik wie Kabel, Starkstromschalter, Isoliermaterial, aber auch praktikable Volt- und Ampèremeter befanden sich erst in der Entwicklung, von Edison speziell konstruierten Einrichtungen wie Schaltern, Lampenfassungen, Sicherungen zu schweigen. Gegenstimmen aus der konkurrierenden Bogenlampenindustrie, daß Edison das gesamte Kupfer der Welt verbrauchen würde, schreckten wiederum seine Geldgeber. Unter dieser Bedrückung entstand in Edisons Kopf — wie er später sagte — ein 7-Punkte-Kurzprogramm für den zügigen Aufbau der Modellanlage:

1. Parallelschaltung,
2. Hochohmlampe,

3. verbesserter Dynamo,
4. unterirdisches Kabelnetz,
5. Anlage mit konstanter Spannung bis zur entferntesten Lampe,
6. Sicherungen und Isoliermaterial,
7. Lampenfassungen und Schalter.

Davon waren Anfang 1880 kaum die ersten 3 Punkte realisiert. Im Frühling 1880 begann Edisons Arbeitsgruppe provisorische Kabel auf offenem Feld um Menlo Park auszulegen. Dabei erkannte Edison, daß sein Verzweigungssystem, das einem Baum mit dem Dynamo als Wurzel und den Lampen an den Zweigleitungen ähnelte, unvertretbare Spannungsverluste in den Leitungen hervorrief. Erst das im Spätsommer 1880 erfundene Speiseleitungssystem, bei dem Starkstromkabel vom Erzeuger bis zu Verteilungspunkten in der Nähe der Häuserblocks hingeführt wurden, senkte die Spannungsverluste und die Kupferkosten. Dieses System wurde 1883 von Edison zum Dreileiter-Gleichstromsystem umgestaltet und von dem physikalischen Berater der englischen Edisongesellschaft John Hopkinson, der auch den Edison-Dynamo entscheidend verbesserte, präzis berechnet. Es fand ungeteilte Anerkennung. W. Thomson fand die Einfachheit und Wirkungsweise frappierend und nicht zu übertreffen. Durch Upton, Hopkinson und andere Physiker entstand so auf Initiative Edisons die Starkstromtechnik als neue technische Wissenschaft. Ein Plus für Edison war die erste Ausrüstung eines Schiffes mit 115 Lampen und 4 Dynamos, dessen Anlage von 1880 bis zur Erneuerung 1895 ausgezeichnet funktionierte.

Aber noch immer stand die kontinuierliche Versorgung eines Stadtteils mit Elektroenergie aus. Ein besserer Dynamo, „Jumbo" genannt, mit noch geringerem innerem Widerstand (Stabwindungen) wurde für die Pariser Elektrizitätsausstellung 1881 entwickelt. Als Speiseleiter verwendete Edison statt Holz- Eisenrohre, in die zwei asphaltisolierte Kupferstäbe mit halbkreisförmigem Querschnitt eingebracht wurden. Die Ausstellungen in Paris und London, wo Edison unter Anleitung seiner erfahrensten Mitarbeiter die Modellanlage für New York mit 1 200 Lampen zeigte, brachte ihm hohe Ehrungen ein. Er wurde von der Jury vor seinen Konkurrenten in die höchste Klasse der Erfinder eingeordnet. Hier erkannten die europäischen Techniker die Bedeutung des Elektroenergieverteilungssystems. Eine englische, eine deutsche und eine französische Edisongesellschaft wurden gegründet.

Edisons Ansehen, auch bei den Finanzmagnaten, war beträchtlich gestiegen, insbesondere als die Überlegenheit der Glühlampe gegenüber der Gaslampe auch ökonomisch belegbar wurde. Trotzdem verstand sich die Edison Electric Light Company nur als Organisation zur Vergabe und Lizenzierung der Edison-Patente. Edisons Forderung, nunmehr auch die Fabrikation der notwendigen Kabel und Geräte zu finanzieren bzw. zu übernehmen, lehnte sie ab. In dieser Situation bewährte sich wiederum Edisons Findigkeit. Auch bei diesem Projekt kam es ihm weniger auf das sichere Geldverdienen als

6 Edison vor seinem ersten Dynamo für das Elektroenergienetz

auf die Durchsetzung des technischen Fortschritts an. Mit seinen Mitarbeitern Batchelor und Upton gründete er in einer Scheune bei Menlo Park mit dem geringen Anfangskapital von 10 000 Dollar die erste Glühlampenfabrik, die vertraglich für 5 Jahre die Glühlampen an die Edison-Gesellschaften zu einem festen Preis verkaufen sollte. Die ersten nach Europa ausgelieferten Lampen wurden zu dem für jene Zeit phantastischen Preis von 20 Mark das Stück verkauft. 1881 eröffnete Bergmann eine Werkstatt für Sockel, Schalter, Lampengestelle, Sicherungen und weiteres Zubehör. Er beschäftigte nach einem Jahr schon 300 Arbeiter. Trotzdem gelang es Edison nicht, die Wall-Street-Magnaten zur Finanzierung einer Dynamofabrik zu bewegen. Nur durch den Verkauf eigener Aktien der Edison Electric Light Company brachte er das nötige Geld für die Errichtung eines Betriebes auf, den Kruesi leitete.

Im Jahre 1881 saß Edison über dem Stadtplan New Yorks und suchte den Bezirk aus, der für eine elektrische Energieversorgung geeignet erschien. Das war ein Teil Manhattans mit vielen Kleinbetrieben, aber auch Wohnungen, in dessen Mitte das Kraftwerk in der Pearl Street errichtet werden sollte. Angestellte warben in allen Häusern für das neuartige elektrische Licht bei gleichen Kosten wie für Gas. Edison überzeugte auch die Stadtväter, daß nur eine unterirdische Verlegung der Kabel in Frage käme, wobei in regelmäßigen Abständen Bleischmelzsicherungen eingebaut werden mußten, eine Maßnahme, die später gesetzlich eingeführt wurde. Der Aufbau des Kraftwerks auf einer Stahlkonstruktion in der Pearl Street verlief gleichzeitig mit der Kabelverlegung, bei der nach Edisons Manier bis in die Nacht hinein gearbeitet wurde. Nach einem mißglückten Beginn — die Dampfmaschinen mußten wegen zu starker Schwingungen ausgewechselt werden — lieferte das Kraftwerk am 4. September 1882 den ersten Strom für 400 Lampen. Wohlweislich hatte Edison dazu nur die Direktoren der Edison-Elektrizitätsgesellschaft und einige ihm wohlgesinnte Reporter eingeladen. Doch von Tag zu Tag wurden die primitiven Kontrollinstrumente an den noch einzeln arbeitenden Dynamos verbessert. Wärter regelten mittels Widerständen den Strom in den Wicklungen der Feldmagneten gemäß der momentanen Belastung. Die mit Glühlampen beleuchteten Geschäfte bildeten einen Hauptanziehungspunkt, Zeitungen lobten das weiche, milde Licht, das gut für die Augen sei. Unfälle, vor allem an den von schnell ausgebildeten Mechanikern montierten Verteilerkästen, blieben nicht aus. Von einem mehr komischen Vorfall erzählte Edison selbst, daß starke Ströme aus einem schlecht isolierten Verteilerkasten über die nasse Straßenoberfläche flossen. Bevor der Strom abgeschaltet werden konnte, ritt ein Polizist über den elektrifizierten Boden. Unter dem Aufschrei der Menge sprang das Pferd in die Höhe und ging durch. Doch waren größere Unglücksfälle selten.

600 000 Dollar kostete diese erste Elektroenergieanlage, mit der erstmals die Verteilung des Starkstroms demonstriert wurde. Bis 1884 lieferte dieses Elektrizitätswerk elektrische Energie für 508 Verbraucher (rund 10 000 Lampen), ohne daß ein weiteres in New York gebaut wurde. Die charakteristische Furchtsamkeit des Kapitals, wie Edison es nannte, bremste den Aufbau neuer großer Elektrizitätswerke, weil man wegen der großen Investitionen warten wollte, bis sich die Wirtschaftlichkeit der Elektroenergieverteilung völlig herausgestellt hatte, um den Maximalprofit zu sichern. So wurden in den ersten Jahren mehr kleine Elektroenergiezentralen für Hotels, Fabriken oder Wohnhäuser reicher Leute als Großverteilungssysteme für ganze Städte eingerichtet.

Edison, den man zu dieser Zeit einen „Millionär-Erfinder" nannte, in dessen Händen sich alles in Gold verwandele, entgegnete, er sei wohl reich an Maschinen, aber knapp an Bargeld. Er war mit dem Aufbau kleiner Stationen beschäftigt, als sich der Konflikt zwischen den Herstellerfirmen für Kabel, Lampen, Installationsmaterial und Dynamos, die Edison und seinen ehemaligen Mitarbeitern gehörten, und der Edison Electric Light Company, die Edisons Patente vergab und kontrollierte, zuspitzte. Beispielsweise war die Herstellerfirma der Glühlampen verpflichtet, jede Lampe für 45 Cent während der Laufzeit der Lampenpatente an die Edison Electric Light Company abzugeben, die sie für 1 Dollar pro Stück an die Verbraucher weiterverkaufte. Diese Methode war in den ersten Jahren für die Lampengesellschaft, an der Edison führend beteiligt war, verlustreich, denn die Herstellungskosten betrugen 1880 1,20 Dollar pro Lampe. Aber 1885 war durch Automatisierung von Arbeitsgängen der Erzeugerpreis auf 22 Cent gedrückt worden. Durch Verkauf von Millionen Lampen erzielten Edison und andere Beteiligte enorme Gewinne. Die Edison Electric Light Company versuchte daraufhin, die Ausdehnung des „Beleuchtungsgeschäftes" zu bremsen oder sich an den Herstellerfirmen zu beteiligen. Edison, der diese kapitalistischen Widersprüche sehr wohl erkannte, setzte durch, daß einer seiner

Freunde, Henry Villard, Vizepräsident der Edison Electric Light Company wurde. Dieser änderte die Geschäftsmethoden der Gesellschaft, so daß neben den Millionengewinnen aus den Lizenzen für Energieverteilungssysteme großer Städte in Europa, Japan, Südamerika auch Profite aus dem Neubau von 2 weiteren Kraftwerken in New York erzielt wurden.

Edison, der vom freischaffenden Erfinder zu einem reichen amerikanischen Kapitalisten aufgestiegen war, erkannte, daß Erfindungen auch als soziale Waffe gegen die Arbeiterklasse einsetzbar waren. In den Jahren 1884 bis 1887 kämpften die amerikanischen Gewerkschaften für höhere Löhne und den Zehnstundentag. In der Lampenfabrik war einer der von Spezialisten ausgeführten manuellen Arbeitsgänge das Einbringen des Glühfadenträgers in den Glaskolben und das Abdichten der herausführenden Drähte. Diese Spezialarbeiter waren sich ihres Wertes wohl bewußt. Sie bildeten eine Gewerkschaft, um ihre berechtigten Forderungen durchzusetzen. Edison konstruierte daraufhin mit seinen Vertrauten eine Abdichtungsmaschine, die die speziellen Fertigkeiten der Arbeiter ersetzte. Sie wurden entlassen, und ihre Gewerkschaft löste sich auf. Diese Maschine wurde also in erster Linie nicht wegen des technischen Fortschritts gebaut, sondern um den Widerstand der Ausgebeuteten zu brechen. Auch dieses Beispiel zeigt die Widersprüchlichkeit der kapitalistischen Entwicklung, in die auch Edison verwickelt wurde.

Im selben Jahrzehnt, zwischen 1880 und 1890, entspann sich auch der Konkurrenzkampf zwischen den rivalisierenden Elektrizitätsgesellschaften, der durch die Entscheidung über die Benutzung von Gleich- oder Wechselstrom wissenschaftlich-technische Aspekte erhielt, die die Entwicklung der Elektroenergieversorgung bis in unsere Tage belasten. Um 1885 nahm das Geschäft mit Elektroenergieversorgungsanlagen beträchtliche Ausmaße an. Der Aufbau dieser Anlagen erforderte aber einen großen Kapitalaufwand, so daß sich die Lieferfirmen vorerst mit Wertpapieren der neuen örtlichen Elektrizitätsgesellschaften begnügen mußten. Auch die Edisonfabriken für Elektrozubehör hatten unter erheblichen Bargeldmangel zu leiden, obwohl sie mit Wertpapieren überhäuft waren. So erhielt Edison 1886 nur mit Mühe einen Kredit über 200000 Dollar, um Kupfer für die weitere Produktion kaufen zu können.

Edison hatte sich beim Aufbau der ersten Elektroenergieanlage in New York für den theoretisch leichter beherrschbaren Gleichstrom entschieden und damit die Entwicklung der Starkstromtechnik in Gang gebracht. Aber schon kurz danach hatten Ingenieure der Budapester Firma Ganz den Transformator, das Kernstück der Wechselstromtechnik, wesentlich verbessert, dessen USA-Patent Edison 1886 zum Kauf angeboten wurde. Auf Hinweis seines Mitarbeiters Upton sicherte er sich für 5000 Dollar das Vorkaufsrecht, ohne es je in Anspruch zu nehmen.

Inzwischen entbrannte der „Stromkrieg". Die 1885 gegründete US Electric Company mit George Westinghouse an der Spitze nutzte Edisons wissenschaftlich-technischen Vorlauf und verbündete sich mit der Thomson-Houston Company, die alle nicht Edison gehörenden Patente aufgekauft hatte. Die Überlegenheit von Westinghouse bestand darin, daß er sich die amerikanischen Patentrechte der Wechselstromtechnik, vor allem die englischer Physiker und Ingenieure, gesichert hatte. Junge Forscher wie John Hopkinson, Charles Steinmetz, Nikola Tesla u.a. hatten auf physikalischer Grundlage ein Hochspannungssystem entwickelt, bei dem in den Elektrizitätswerken eine Wechselspannung bis zu 10000 Volt erzeugt wurde, die über weite Strecken übertragen und in den Städten wieder auf 110 Volt umgespannt werden konnte. Man träumte schon davon, die Niagara-Fälle zur Stromerzeugung auszunutzen. Der Vorteil gegenüber Edisons Gleichstromelektrizitätswerken, die bei einer Spannung von 110 Volt nur einen Umkreis bis ungefähr 5 km versorgen konnten, lag auf der Hand. Edison, W. Thomson, Siemens und andere ältere Pioniere der Elektrotechnik warnten vor der Gefahr der Hochspannung.

In Amerika nahm der „Stromkrieg" groteske Formen an. 1887 wurde in den Zeitungen über die Tötung von Hunden und Katzen mit hochgespanntem Wechselstrom berichtet und die Elektrotötung auch öffentlich vorgeführt. Daraus entsprang der Gedanke für die Einführung des „elektrischen Stuhls" zur Hinrichtung von Verbrechern. Obwohl die erste elektrische Hinrichtung mit einem Westinghouse-Hochspannungsgenerator mißlang, versuchten Edisons Parteigänger damit Stadtväter und Fabrikanten von der Anwendung der Westinghouse-Hochspannungsanlagen abzuschrecken. Auch entlang der Hochspannungsleitungen angebrachte Warnungen mit Berichten über Hochspannungsunfälle heizten die Situation weiter an. Nicht minder drastisch, aber überzeugender war die veröffentlichte Broschüre der Gegenseite über die Überlegenheit der Hochspannung. Westinghouse ließ sogar in Hauptstraßen Niederspannungstransformatoren aufstellen, um die universelle Verwendbarkeit und Gefahrlosigkeit der Verbraucherspannung von 110 Volt des Wechselstroms zu demonstrieren.

Die immanente Konkurrenz zwischen den Elektrogeräteherstellerfirmen und der Edison Electric Light Company, die noch immer das Schwergewicht auf die Lizenzvergabe legte, verschärfte sich dadurch und förderte den Monopolisierungsprozeß. Die Dynamofabrik, in der sich die Arbeiter in drückender Enge gegenseitig behinderten, aber auch die anderen Herstellerfirmen mußten dringend rekonstruiert werden. Da ihre Vermögen noch immer in Aktien der örtlichen Kraftwerke eingefroren waren, mangelte es ihnen an flüssigem Kapital. In dieser Lage wurde der Vorschlag Villards angenommen, die Gerätefabriken mit der Edison Light Company zu fusionieren.

Die daraufhin gegründete Edison General Electric verfügte bald über ein Aktienkapital von über 4 Millionen Dollar, von dem große Teile das Morgan-Bank-Syndikat und die Deutsche Bank auf Rechnung von Siemens und Halske in ihre Hände gebracht hatten. Edisons Freunde und ehemalige Mitarbeiter beteiligten sich — außer seinem zeitweiligen Privatsekretär und späteren Leiter der Edison General Electric, Samuel Insull, Batchelor und Upton — nicht an dem neuen Elektrokonzern. Edison selbst erhielt einen Aktienanteil von 10 % und einen der Direktorenposten, jedoch wurden die Schlüsselpositionen mit Morgans und Villards Leuten besetzt. Der Präsident des Konzerns, Villard, hatte zuerst die Idee eines Weltkartells der Elektrotechnik, um die Fähigkeiten der beiden überragenden Erfinder Edison und Siemens auszunutzen. Unter Morgans Einfluß, der glaubte, Edisons schöpferische Kräfte seien am Versiegen, wurde auf dessen weitere Mitarbeit als Erfinder verzichtet.

Edison zog sich mehr und mehr aus dem „Lichtgeschäft" zurück, denn es sei „zu alt für ihn", und er besuchte kaum noch Direktionssitzungen. Zugleich bahnte sich mit dem Übergang zu immer gewaltigeren Elektroenergieanlagen das Ende des von der Industrie zwar unterstützten, aber relativ unabhängigen elektrotechnischen Erfindertums an. Die Arbeiten der Erfinder auf der Grenzlinie zwischen physikalischer Forschung und empirischer Erfindung wurden durch die Aufbereitung der Elektrizitätstheorie für die wissenschaftliche Elektrotechnik überholt. Der Physiker Steinmetz, der später an der Elektrifizierung der Sowjetunion mitwirkte, erarbeitete für die Thomson-Houston-

Gesellschaft die wissenschaftlichen Grundlagen des Elektromaschinenbaus und der Wechselstromtechnik, indem er u. a. die Theorie der komplexen Zahlen für die Zeigerdarstellung des Wechselstroms nutzte. Die Konzerne stützen sich auf wissenschaftlich ausgebildete Elektroingenieure, die in betriebseigenen Laboren arbeiten. Als 1891 die Patentprozesse um die Kohlefadenlampe endgültig zugunsten Edisons entschieden wurden, zeigte sich, daß die eigentlichen Verlierer im Patentkrieg während des Monopolisierungsprozesses die Erfinder gewesen waren. Einer von Edisons Opponenten, der Erfinder Sawyer, begann zu trinken, erschoß bei einem Streit im Gasthaus einen Mann und starb vor Antritt der Gefängnisstrafe. Demgegenüber kam Edison, dem Unkenntnis elektrischer Grundgesetze und die Ausbeutung von Uptons physikalischen Kenntnissen vorgeworfen wurde, noch glimpflich davon, und er übertrieb maßlos, wenn er behauptete: „Meine Erfindung des elektrischen Lichtes brachte mir keinen Profit, nur lange Jahre Prozesse."

Edisons Starrsinn, auf der Verwendung von Gleichstrom zu bestehen, lag wohl in seiner Unkenntnis der komplizierten Wechselstromtechnik. Trotz Edisons Intervention vollzog sich entsprechend dem internationalen Trend 1892 die Verschmelzung der Edison General Electric mit der in der Wechselstromtechnik erfahrenen Thomson-Houston-Gesellschaft zur General Electric. Sein Name war in dieser Firmenbezeichnung nicht mehr enthalten, und bald darauf verkaufte er den Rest seiner Aktien dieser Gesellschaft. Er wollte etwas erforschen oder erfinden, viel größer als irgendetwas vorher, damit die Leute vergaßen, daß sein Name einmal mit „etwas Elektrischem" verbunden war.

Edison war aber nicht nur einer der Begründer der Starkstromtechnik, sondern auch der Geburtshelfer der modernen Elektronik. Mitten in seinen Anstrengungen um eine gebrauchsfähige Glühlampe und während der Ausarbeitung von Elektroenergiesystemen beobachtete Edison 1880 an der Form der Lampenkolbenschwärzung, daß vom Glühfaden weggeschleuderte Kohlepartikel höchstwahrscheinlich vom negativen Pol des Glühfadens stammen. Mitte 1882 bemerkte er, daß die Kohlepartikel elektrisch geladen sind. Daraufhin führte er einen Platindraht als isolierte Elektrode in die Lampe ein und wies mit einem empfindlichen Galvanometer nach, daß nur dann ein Strom floß, wenn er die Elektrode über das Galvanometer mit dem Pluspol der Stromzuführung für die Lampe verband, aber nicht, wenn die

7 Edison mit Glühlampe für Versuche zum Edison-Effekt

Elektrode mit dem Minuspol in Kontakt gebracht wurde. In seinem Patent vom November 1884 wies Edison darauf hin, daß der Strom durch das Vakuum „ohne Drähte" fließe und seine Stärke proportional dem Glühgrad des Fadens sei. Darüber schrieb Edison, der Hunderte von Patenten genommen hatte, seine einzige wissenschaftliche Veröffentlichung mit dem Titel „Eine Erscheinung in der Edison-Lampe". Weil er offenbar dem Effekt keine praktische Bedeutung beimaß, erforschte er ihn nicht weiter.

William Henry Preece brachte die Kunde darüber nach England und bezeichnete diese Erscheinung als Edisoneffekt. J. Ambrose Fleming, damals Berater der Edisongesellschaft in London, führte eine Versuchsreihe über den Effekt vor und hatte schon 1888 die Idee, ihn zur Gleichrichtung von Strömen zu benutzen. 1897 erkannte der berühmte englische Physiker Joseph John Thomson, daß beim Edisoneffekt ebenso wie bei der Radioaktivität und bei den Katodenstrahlen „Elektronen" (negative geladene Elementarteilchen) emittiert werden, so daß er sicher sein konnte, daß Elektronen Bestandteile der Atome aller Stoffe sind. Das war der erste Impuls für die Aufstellung des modernen Atommodells mit einem positiven Kern und negativen Elektronen in der Hülle. Schließlich, 1904, konstruierte Fleming zur Ausnutzung des Edisoneffekts einen „Gasdetektor", eine unvollkommen evakuierte Diode, um damit hochfrequente Ströme im Empfangskreis von Funkgeräten gleichzurichten, und Artur Wehnelt baute eine Ventilröhre zur Gleichrichtung des Wechselstromes für Röntgenröhren. 1906 wurden von dem österreichischen Physiker Robert von Lieben unter dem Gesichtspunkt der Verstärkung von Telephonströmen und von dem Amerikaner Lee de Forest zur Gleichrichtung hochfrequenter Schwingungen die ersten Schritte zur Dreielektrodenröhre (Triode) getan. Der Weg zur universellen Nutzung des Edisoneffektes als Grundlage der Vakuumelektronik war frei.

Als Edison nach der Erfindung seiner Glühlampe daranging, das Elektrizitätswerk in der Pearl Street zu bauen, übersiedelte die ganze Familie 1881 nach New York. Mary richtete ihr New Yorker Appartement prächtig ein, genoß überhaupt das städtische Leben. Edison ließ sie gewähren, nur ihre Tee- und Champagnerpartys fand er anstrengend und abscheulich und ließ sich auch nicht bei einer blicken. Marion kam auf eine private Mädchenschule. In Menlo Park wohnten sie nur noch während der Sommermonate.

Im Sommer 1884 erkrankte Mary in Menlo Park an Typhus. Da sie sich schon längere Zeit nicht wohlgefühlt hatte, wurde ihr Zustand anfangs nicht sonderlich ernst genommen. Weder die Ärzte, die Edison schließlich aus New York herbeiholte, noch die aufopferungsvolle Pflege ihrer Schwester vermochten Mary zu helfen. Von Marion existiert ein Bericht, wie sie am Morgen des 9. August 1884 von ihrem Vater geweckt wurde: „Ich fand ihn in Kummer, weinend und schluchzend, so daß er mir kaum erzählen konnte, daß Mutter in dieser Nacht gestorben war." Mary Edison hatte nur 29 Jahre gelebt.

Ein Domizil für Erfindungen –
West Orange

Schon wenige Monate nach dem Tode Marys spürte Edison die Unhaltbarkeit seiner familiären Situation. Ihm fehlten genügend Zeit und wohl auch die Geduld, sich um seine Kinder zu kümmern. Die 13jährige Marion hatte er in einem New Yorker Internat untergebracht, und durch die ständige Nähe, gemeinsame Theater- und Restaurantbesuche sowie sonntägliche Kutschfahrten fühlte er sich der Tochter enger verbunden als den beiden Söhnen, die unter Alices Obhut in Menlo Park geblieben waren. In dieser Zeit schloß er Freundschaft mit Ezra Gilliland, der, teils zum Neid der anderen Mitarbeiter, von Edison offensichtlich bevorzugt wurde. Bei ihm und seiner jungen Frau war er nun häufig zu Gast, und beide verstanden es, ihn in das gesellige Leben in ihrem Bostoner Hause einzubeziehen, nicht ohne den Hintergedanken, den attraktivsten Witwer Amerikas wieder zu verheiraten. Tatsächlich erhielt Edison Briefe über Briefe, in denen ihm unbekannte Ladys ihr Herz und ihr Glück darboten. Samuel Insull stöhnte nicht schlecht unter der diffizilen Aufgabe zu danken und fügte meist eine Fotografie Edisons als Trost bei.
Die wahre Ursache aber, daß der Erfinder plötzlich seine Arbeit Arbeit sein ließ und ganze Tage in freundlichem bedeutungslosem Tun verplätscherte, war ein junges Mädchen, das er auf einer Gesellschaft bei den Gillilands im Spätherbst 1885 kennengelernt hatte, „... wohlerzogen und ernsthaft veranlagt, mit einer Neigung zur Wohltätigkeit und zur Sonntagsschularbeit", was nicht ausschloß, daß sie sehr schön war, „von beeindruckender Figur, reichem schwarzem Haar und großen glänzenden Augen". Als er jedoch erfuhr, daß sie gerade 18 Jahre alt wäre, zögerte er, Mina Miller einen Heiratsantrag zu machen. Aber wo immer er auch weilte, er dachte an sie und sprach von ihr, so daß seine Tochter schließlich eifersüchtig wurde.
Ganz Nord-Ohio nahm bewegt Anteil an der Hochzeit, die im Februar 1886 in Minas Elternhaus in Akron mit unerhörtem Pomp gefeiert wurde. Mina war die einzige Tochter des reichen Landmaschinenerfinders und -fabrikanten Lewis Miller, eines der Führer der Methodistenkirche, und seit ihrer Kindheit dem Sohne des Methodistenbischofs von

Ohio so gut wie versprochen. So sehr sich Edisons und Millers weltliche Interessen begegneten, die laue religiöse Einstellung des Schwiegersohnes wäre fast zum ernsten Hindernis für die Verbindung geworden.

Im April kehrten sie aus Florida in ihr neues Heim in West Orange nahe bei New York zurück. „Glenmont" in Llewellyn Park, dem Villenviertel der New Yorker Reichen, war ein einziger architektonischer Stilbruch. Mit seinen Giebeln und Türmchen, roten Ziegelwänden, mit Schnitzwerk versehenen hölzernen Balkons und buntverglasten Fenstern demonstrierte es von einem Hügel herab Millionen und Prestige seines Erbauers, eines New Yorker Kaufmanns, wie auch seines neuen Besitzers, dessen Ansichten über Lebensweise sich um diese Zeit durch seine veränderte soziale Stellung zu wandeln begannen. Auch Mina akzeptierte, daß die Arbeit, ihre Durchsetzung und Anerkennung ihrem Mann mehr als alles andere bedeuteten. Aber weitaus energischer als seine erste Frau, widerlegte sie bald seine Einbildung, keine Frau vermöchte ihn zu leiten. Wenn sie auch einmal seufzte, sie hätte den schwierigsten Ehemann Amerikas, so beeinflußte sie doch mit großem Feingefühl und Geschick zunehmend sein

8 Edison mit Familie

Verhalten, seinen Geschmack und seine Umgangsformen. Mina und Thomas Edison hatten drei Kinder miteinander. Wie das bescheidene Wohnhaus von Menlo Park nicht mehr seinen Ansprüchen genügte, sollte nun auch ein neues, großzügiger angelegtes und ausgestattetes Laboratorium auf dem Gelände, das er in West Orange, eine halbe Meile von Glenmont entfernt, erworben hatte, entstehen. Dort würde er, in nichts eingeschränkt, noch viele nützliche Dinge erfinden. Fabriken sah er wachsen, ganz neue Industriezweige entsprechend den Erfordernissen seiner künftigen Erfindungen. 1887 wurde das Bauvorhaben West Orange fertiggestellt. Es war 10mal so groß wie Menlo Park und zu dieser Zeit das umfangreichste und am vollkommensten ausgestattete private Forschungslabor der Welt.

Auf dem etwa 5000 m^2 großen Gelände erstreckte sich 76 m lang das dreistöckige Hauptgebäude aus roten Ziegelsteinen. Die rechtwinklig anschließenden einstöckigen Gebäude umgrenzten ein Hofviereck, der ganze Komplex wurde von einem hohen Holzzaun eingefriedet. Am Eingangstor lösten Wachmänner einander ab — die Arbeit in West Orange wurde so geheim wie möglich gehalten, Besucher mußten eine Einladung vorweisen können. Ein großer Maschinenraum, ein Pumpraum, einer für Motoren, ein weiterer, in dem die Glasbläser arbeiteten, chemische und photographische Abteilungen, elektrische Prüfstationen hatten hier Platz gefunden. In dem schmalen hohen Vorratsraum wurden in mehreren tausend bis zur Decke übereinandergebauten Schubfächern alle Arten Chemikalien, Erzproben, Fasern, Knochen, Harze, Glas, Federn, Haare, Seide, Kork u. a. m., aber auch Nadeln, Schrauben, Drähte, Zwirn und Seile der verschiedensten Herstellung aufbewahrt. Edison wollte jegliches Material, das nur irgendwie einmal zu einem Versuch gebraucht werden könnte, sofort zur Hand haben. Als der Raum eingerichtet wurde, erhielt jeder Mitarbeiter eine Prämie, wenn er ein noch nicht vorhandenes Material brachte, aber bald schon fehlte durch die Überfülle des Vorhandenen jeder Anreiz. Beim Betreten des Hauptflügels gelangte man zunächst in Edisons Bibliothek, deren 9 m Höhe durch 2 umlaufende Galerien gemildert wurden. 10000 Bücher und Zeitschriftenbände fanden hier sofort Platz, mit den Jahren wuchs ihre Zahl auf 60000 an. In verglasten Schränken auf den Galerien hatte Edison seine reiche Sammlung von Mineralien und Chemikalien untergebracht. Eine überdimensionale Uhr beherrschte die Wand über dem Kamin und dem Beratungstisch. Edisons Schreibsekretär und ein weiterer für Mitarbeiter standen frei im Raum. Bilder berühmter Gelehrter, eine Büste Alexander von Humboldts und eine lebensgroße Statue, der „Neue Lichtgenius", gaben dem Raum das besondere Gepräge.

War Edison in Menlo Park noch in der Lage gewesen, den Fortgang der Arbeiten seiner 10 bis 12 Mitarbeiter augenscheinlich zu überwachen, so war das jetzt bei 45 bis 60 Leuten, die, vom Fachwissenschaftler bis zum ungelernten Arbeiter, an einer Erfindung mitwirkten, nicht mehr möglich. Wenn er morgens die Post durchgesehen hatte, rief er seine Assistenten und die Leiter der Arbeitsgruppen einzeln zum Bericht in die Bibliothek. Dank seiner Fähigkeit, sich von einem Problem sofort in ein anderes hineinversetzen zu können, beantwortete er ihre Fragen zügig, entschied rasch über den Weitergang. Jeden Tag überzeugte er sich selbst in verschiedenen Abteilungen vom Stand der Dinge, aber im ganzen mußte er sich doch auf seine Spezialisten verlassen, und die Durchsicht der Berichte der verschiedenen Arbeitsgruppen, ihre Aufzeichnungen über Versuche und Tests, durch die er die Übersicht über das Ganze zu behalten suchte, fesselten ihn länger an den Schreibtisch, als ihm lieb war. Noch immer drängte es ihn am stärksten zur praktischen Arbeit. So oft es nur ging, zog er sich in sein Privatlaboratorium zurück, einen kleinen, nur mit Arbeitstisch, Schreibtisch und Stuhl möblierten Raum, in dem die meisten seiner weiteren Erfindungen bis zur Erprobung reiften. Zutritt hatte hier nur, wen er unmittelbar zur Hilfe brauchte, meist war es ein Mechaniker. Edison war handwerklich nicht übermäßig geschickt.

Zu den bewährten Mitarbeitern aus Menlo Park, den spezialisierten Mechanikern, Glasbläsern, Facharbeitern, hatte Edison auch Physiker und Chemiker als wissenschaftliche Berater herangezogen.

Hatte schon Menlo Park den großen Industriegesellschaften als Vorbild für die Einrichtung eigener Forschungslabors gedient, schien West Orange nun erst recht dazu angetan. Aber zwischen diesen Industrieforschungslabors und Edisons privaten Forschungslabors bestand ein wesentlicher Unterschied. Während in Edisons Labors allgemeine Forschung betrieben wurde, aus der die unterschiedlichsten Erfindungen heraussprangen, mußte sich die Forschung in den Industrielabors stets den Interessen und speziellen Erfordernissen der jeweiligen Gesellschaft unterordnen. Trotz scheinbarer Vorteile, wie spezialisierter Forschungseinrichtungen und Mitarbeiter, hatten die Industrielaboratorien keine beeindruckenden Resultate aufzuweisen. Die Ergebnisse der allgemeinen Forschung von West Orange hingegen fanden bis etwa zur Jahrhundertwende kein Beispiel. In Edisons Aufzeichnungen aus dem Jahre 1887 ist zu lesen, daß er ein Labor in der Art von West Orange allen anderen Formen einer solchen Einrichtung für überlegen hielt, weil sich nach seiner Konzeption Erfindungen schnell und billig machen und am Modell bis zur Gebrauchsfähigkeit entwickeln ließen. Erfindungen, die früher mit großem Zeit- und Geldaufwand verbunden waren, konnten jetzt, auch dank des vielseitigen Materialvorrats, in wenigen Tagen gemacht werden. Von der Phonographennadel bis zur elektrischen Lokomotive könne in West Orange praktisch alles hergestellt werden, behauptete Edison.

Phonograph kontra Grammophon

Als Edison seinen Phonographen 1878 nicht weiterentwickelte, forderte er andere Erfinder geradezu auf, dieses kaum berührte Feld abzuweiden. Im Washingtoner Labor von Alexander Graham Bell hatten dessen Cousin Chisester Bell und der Techniker Charles Sumner Tainter einige Veränderungen an Edisons Zinnfolienphonographen vorgenommen. Anstelle der Zinnfolie überzogen sie den Zylinder mit gewachstem Kartonpapier. Wie bei Edisons Modell bewegte sich die Aufnahmenadel vertikal in der Rille auf und ab, gravierte die Schwingungen aber etwas tiefer ein. Die an ihrem Gerät nicht mehr so starr, sondern leicht schwingungsfähig befestigte Nadel bewirkte bei der Aufnahme und Wiedergabe weniger Kratzen, was die beiden Erfinder als große Neuerung betrachteten. Verbessert wurde der Klang außerdem durch einen Motor, der den Zylinder gleichmäßiger antrieb, als das mit der Handkurbel möglich war.

Seit 1883 experimentierte auch der aus Hannover ausgewanderte Emile Berliner mit einem Gerät, bei dem er von Anfang an weniger an die Speicherung von Sprache, sondern vor allem an die von Musik dachte. Auf sein „Grammophon" erhielt er im September 1887 das Patent. Bei Berliners Gerät wurde eine berußte Glasscheibe mittels einer Handkurbel gedreht, so daß die Nadel auf der feststehenden Membran die Schwingungen in einer spiralförmigen Rille als Wellenlinie seitlich aufzeichnete im Gegensatz zu Edisons, Bells und Tainters „Tiefenschrift". Bald darauf benützte Berliner eine wachsüberzogene Zinkplatte, ätzte nach der Aufnahme die Tonspur ein und konnte über ein Negativ beliebig viele Schallplatten (aus Hartgummi) prägen. Edison wie auch Bell und Tainter wußten bisher keine Methode, ihre Walzen zu vervielfältigen. Schon nach vier- bis fünfmaligem Abspielen war kaum noch etwas zu verstehen. Durch ein neuartiges Aufzeichnungsverfahren erreichte Berliner außerdem eine weitaus bessere, auch bei großer Lautstärke ziemlich verzerrungsfreie Wiedergabequalität.

In Philadelphia wurde in den neunziger Jahren die Berliner Gramophone Company gegründet, in London die Gramophone Company, in

Hannover die Deutsche Grammophon Gesellschaft. Die amerikanischen Hersteller von Zylinderphonographen und die Plattenproduzenten befehdeten sich fortan mit allen Mitteln. Bell und Tainter prozessierten mit Berliner um das Ersterfindungsrecht der leicht beweglichen Aufnahmenadel. Berliner verlor den Prozeß, ihm wurde der Verkauf seiner Geräte in Amerika zeitweise, die Benutzung des Namens „Gramophone" überhaupt untersagt. Sein Produzent taufte das Gerät daraufhin „Viktor Talking Maschine", die amerikanische Gesellschaft hieß fortan ebenso. Ihr Werbebild, der treuherzig auf „die Stimme seines Herrn" lauschende Terrier, trug nicht unwesentlich zur Popularität des „Grammophon", wie die europäische Schutzmarke lautete, bei.

In den Labors dieser Gesellschaft wurde ein neues Verfahren zur Plattenherstellung entwickelt, das dem heutigen schon nahezu glich. Die in eine Wachsplatte geschnittene Aufnahme wurde durch Graphit elektrisch leitend gemacht und davon galvanisch ein Kupferabzug als Negativ zum Pressen der Platten hergestellt.

Nachdem Bell und Tainter im Mai 1886 ein Patent auf ihr „Graphophone" erhalten hatten, suchten sie die Zusammenarbeit mit Edison zur weiteren Vervollkommnung des Gerätes. Sie boten ihm die Übernahme aller Kosten für die nötigen Experimente und die Beschaffung des Kapitals zur Aufnahme der Produktion, die Hälfte der Beteiligung am Unternehmen, die Priorität als Erfinder sowie den Verzicht auf den Namen „Graphophone" an. Aber Edison wies sie ab, da er der Meinung war, daß alle Ideen, außer der zur Befestigung der Aufzeichnungsnadel, von ihm stammten. Der Phonograph war sein Kind. Wenn er seine Vaterpflichten 10 Jahre lang vernachlässigt hatte, würde er sich jetzt um so intensiver kümmern. Er setzte nun alles daran, die Konkurrenten durch eine neues, besseres Gerät auszubooten. Die Versuche dazu beschäftigten ihn in den nächsten zwei Jahren vor allen anderen.

Mit dem Spielzeug von 1877, das mit populärer Musik und allerlei Gags die Leute belustigt hatte, sollte endgültig Schluß sein, der verbesserte Phonograph ausschließlich ein Diktiergerät für Geschäftszwecke werden. Damit stellte er auch diese Erfindung auf eine kommerzielle Grundlage. Zwei Dinge waren für das neue Gerät wesentlich: eine bessere Wiedergabequalität und eine längere Verwendungsdauer der Schallwalze. Anstelle des Zinnfolienzylinders verwendete er nun einen dickwandigen Hohlzylinder aus einer Wachsmischung, fortan Phono-

gramm genannt. Die Zusammensetzung der Mischung erforderte allergrößte Sorgfalt, erst nach einigen hundert Versuchen zusammen mit seinem Chemiker Aylsworth war Edison vom Ergebnis befriedigt. Die Wachshülle ließ engere Rillen und somit mehr Aufzeichnungsraum als die Zinnfolie zu. Statt der alten Aufnahmenadel verwendete er jetzt ein härteres Schneidwerkzeug, das die Rillen — er sagte die Hügel und Täler — nach den Schwingungen der Membran stärker ausarbeitete, und für die Wiedergabe eine stumpfe Saphirnadel, statt der Justierschrauben zum Halten der Nadel einen flexiblen Tonabnehmermechanismus, der die Nadel durch leichten Druck niederhielt, ähnlich wie beim heutigen Tonabnehmer. Die Rillen bei diesem Aufzeichnungsverfahren wurden etwa zwei Millimeter tief, so daß die Walzen nach beendetem Diktat abgeschliffen und wieder verwendet werden konnten. Man warf ihm vor, er hätte seinen Tonabnehmermechanismus vom „Graphophone" geborgt. Edison bestritt das nicht, sondern meinte, das sei „fair play", da Bell und Tainter viel mehr von ihm genommen hätten. Er hätte es für höchst unklug gehalten, sich gegen diese Spielweise kapitalistischer Moral aufzulehnen. Als einer seiner Mitarbeiter später bei der Analyse eines Wachszylinders der Konkurrenz das gleiche Mischungsverhältnis wie bei den eigenen feststellte, amüsierte sich Edison über dessen Empörung. „... Jedermann stiehlt in Handel und Industrie. Ich habe auch meinen Teil gestohlen, aber ich wußte, wie man stiehlt. Aber sie wissen nicht, wie man stiehlt. Das ist der ganze Unterschied."
In einer Eintragung im Laboratoriumstagebuch von 1888 hat er die Schwierigkeiten umrissen, die einer wirklich befriedigenden Aufnahme und Wiedergabe mit dem neuen Phonographen im Wege standen: Löcher, nicht geschmolzene Teilchen oder Fremdkörper im Wachs sowie ungerade Rillen riefen häßliches Kratzen und Krachen hervor, die Aufnahmenadel stumpfte zu schnell ab, die Membran, jetzt aus Glas, brach zu leicht, der Antriebsmotor brummte in jede Aufnahme hinein. War die Erfindung des Phonographen innerhalb weniger Wochen gelungen, so beanspruchte ihre Vervollkommnung Jahre. Das Problem der Vervielfältigung der Wachswalzen lösten Edison und seine Mitarbeiter erst 1903 nach unzähligen Versuchen: Die Wachswalze wurde zwischen Goldplättchen in einer Vakuumkammer drehbar aufgehängt. Durch angelegte Hochspannung verdampfte das Gold und schlug sich als Film auf der Wachswalze nieder. Auf diese Weise war es möglich, einen dickeren Metallüberzug gal-

vanoplastisch aufzubringen. Für Neuerungen und Detailverbesserungen meldete Edison im Laufe dieses Vervollkommnungsprozesses nahezu 100 Patente an. Einer seiner Mitarbeiter sagte einmal: „Wenn Edison formal ausgebildet worden wäre, hätte er nicht die Frechheit gehabt, solche unmöglichen Dinge wie den Phonographen zu erfinden."

Etwas anderes ist aber ebenso bemerkenswert: Ein Schwerhöriger beschäftigte sich intensiv mit akustischen Erfindungen. Zur Beurteilung der Wiedergabequalität der Phonographenwalzen mußte er sich entweder auf das Gehör seiner Mitarbeiter verlassen, oder er hielt den Schalltrichter an die Zähne und übertrug so die Schallschwingungen auf die Knochen seines Schädels. Es wäre verständlich, wenn er sich überhaupt nicht mit akustischen Erfindungen beschäftigt hätte. Daß er es trotzdem tat, zeigt seinen starken Willen.

Obgleich Bell und Tainter ihr Gerät weiter verbesserten, wurde es kein Verkaufsschlager. Finanziers und Käufer verhielten sich aber vor allem abwartend, weil ab Oktober 1887 in der Presse Berichte über Edisons sechsmonatige intensive Arbeit an dem neuen Phonographen auftauchten. Man wartete gespannt auf das neue Mirakel des „Zauberers". Im April 1888 war es Bell und Tainter gelungen, ihr Patent dem steinreichen Jesse W. Lippincott zu verkaufen, der sein einmal verdientes Geld sich in immer neuen Unternehmen vermehren ließ, wobei es ihm gleich war, ob er die Herstellung von Wassergläsern, Särgen oder Sprechmaschinen finanzierte. Produktion und Verkauf des „Graphophone" wurden unverzüglich aufgenommen. Daraufhin verdoppelte Edison seine Anstrengungen, nicht allein des finanziellen Verlustes wegen: das Rennen um diese Erfindung zu gewinnen, war für ihn eine Prestigefrage.

Obgleich es nicht in seiner Absicht lag, mit dem verbesserten Phonographen Musik aufzunehmen und wiederzugeben, machte Edison als erster Aufnahmen mit den berühmtesten Sängern, Musikern und Dirigenten seiner Zeit, unter anderem mit Enrico Caruso und Hans von Bülow. Er sah darin vorerst nichts als eine gute Möglichkeit, seine Geräte zu prüfen. Von Koloratursängerinnen und tremolierenden Tenören hielt er nicht viel, er fürchtete stets, bei ihrem Geschmetter würde die Aufnahmenadel aus den Rillen springen. Trotz seines schlechten Gehörs und seiner fehlenden musikalischen Ausbildung hatte er unumstößliche Ansichten über die verschiedenen Genres und Interpreten. Wagner fand er abscheulich, Beethoven verehrenswert.

Im Juni 1888 drohte Edisons geschäftlichem Vorhaben mit dem Phonographen eine Krise. Lippincott warf Unmengen „Graphophones" auf den Markt. Edison, der die alte Phonograph Speaking Company von 1878 reorganisiert und Ezra Gilliland als leitenden Verkaufsagenten eingesetzt hatte, veranlaßte wiederum Pressekampagnen gegen die Konkurrenz, in denen Bell und Tainter der Patentverletzung angeklagt und der Verkauf des Edisonschen weitaus besseren Phonographen schon in wenigen Wochen angekündigt wurden. Edison trieb daraufhin seine Mitarbeiter zu den gewohnten und berüchtigten Tag- und Nachtschichten an, um das Gerät auf das Niveau zu bringen, unter dem er es nicht für den Handel freigeben würde. In den spaltenlangen Berichten, die um diese Zeit die Zeitungen füllten, klang es allerdings ganz so, als ob der große Erfinder einsam und besessen um die Vollendung seiner Schöpfung bemüht war. Eine Fotografie zeigt ihn nach 5 pausenlosen Tagen und Nächten mit dem fertigen Modell seines neuen Phonographen (Abb. 5) Die Aufnahme beflügelte augenblicklich einen Maler zu dem Ölgemälde „Der Napoleon der Erfinder". Das Bild wurde die beste Reklame der Edison Company für den neuen Phonographen. Tatsächlich hatte während der ganzen Entwicklungsarbeit kein Reporter das Labor betreten dürfen und die „5-Tage und Nachtwache" war eine gelinde journalistische Übertreibung. Edison notierte 72 ununterbrochene Arbeitsstunden für den Endspurt zur Fertigstellung des neuen Phonographenmodells. Auch das hätte zur Anerkennung einer überdurchschnittlichen Leistung genügt. Aber Edison hatte nichts dagegen, daß sein Entwicklungsweg und sein Persönlichkeitsbild für die öffentliche Meinung dramatisiert wurden, und er trug mit einer gewissen selbstgefälligen Freude dazu bei, Mythen über sich zu schaffen und zu verbreiten.

Gilliland hatte nun die Aufgabe, Geld für die fabrikmäßige Herstellung des neuen Phonographen zu beschaffen, und er versprach, Edisons Interessen dabei weitgehend wahrzunehmen. Am stärksten war Lippincott am Besitz dieser Patente interessiert, da er ständige Verwicklungen und Patentstreitigkeiten mit Edison befürchtete. Er strebte einen Phonographentrust an. Edison erhoffte aus dem Verkauf der neuen Phonographenpatente etwa 1 Million Dollar, erhielt aber nur die Hälfte und das Alleinherstellungsrecht für den Phonographen innerhalb der neuzugründenden Gesellschaft zugebilligt. Als er erfuhr, daß Gilliland sich von Lippincott mit 250 000 Dollar zu dieser Regelung hatte bestechen lassen, war er so enttäuscht und verletzt, daß er sich schwor, niemals mehr einem Menschen zu trauen.

Laut Vertrag hatte Edison mehrere tausend Phonographen an die von Lippincott geleitete North American Phonograph Company zu liefern. In unmittelbarer Nähe von West Orange wurde eine große Fabrik gebaut, in der hunderte Arbeiter Beschäftigung fanden. In einer benachbarten Stadt mietete er Fabrikräume, in denen die hölzernen Phonographengehäuse hergestellt wurden.

Um 1893 wurde Lippincott schwerkrank. Die North American Phonograph Company schuldete Edison die Bezahlung einiger tausend gelieferter Phonographen; Edison besaß die Aktienmehrheit, aber er war jetzt zugleich Hauptgläubiger und Leiter der ziemlich angeschlagenen Gesellschaft. Neben der drängenden weiteren technischen Vervollkommnung des Phonographen fiel es ihm zu, die chaotischen geschäftlichen Zustände zu entwirren und das ganze Unternehmen zu reorganisieren.

Eine der Zwischenhandelsfirmen, die Columbia Phonograph Company of Washington (die Vorläuferin der heutigen Columbia Broadcasting Company), hatte sich selbständig gemacht, einen Reparaturservice eingerichtet und dann als erstes Unternehmen Aufzeichnungen von Unterhaltungsmusik vervielfältigt, die sie in Massen umsetzte. Es zeigte sich nämlich immer deutlicher, daß der Phonograph seinen Siegeszug nicht durch die Büros, sondern auf dem Unterhaltungsgebiet führen würde. 1892 wurden die ersten Musikboxen in Form von Münzautomaten aufgestellt, und bald beschallten aus tausenden Phonographen Blasorchester, Sänger und Komiker die Zuhörer. Es war nicht immer Kunst, was hier geboten wurde, aber der Phonograph vermittelte Musik und Unterhaltung auch Menschen, die sonst niemals dazu gekommen wären. Auch Edison konnte sich diesem Trend nicht länger verschließen. Um diese gefährliche Konkurrenz niederzuhalten, beschloß er, einen im Gebrauch einfacheren Phonographen mit besserer Klangwiedergabe zu niedrigerem Preis herzustellen und Aufzeichnungen volkstümlicher Musik zum Verkauf zu vervielfältigen. Daß ein breites Publikum auch an Operngesang und klassischer Musik interessiert sein könnte, glaubte er erst, als in Deutschland Jahre später solche Aufzeichnungen großen Anklang fanden.

Er übernahm die Eigentümerschaft der North American Phonograph

Company und erhielt so alle seine Phonographenpatentrechte zurück. Damit hatte er aber auch Lippincotts Geldverpflichtungen gegenüber anderen Gläubigern übernommen. Das verwickelte ihn in vielerlei Prozesse und trug ihm zuguterletzt ein Verkaufsverbot für Phonographen in den USA über 3 Jahre ein. Zum Glück hatte er hinreichende Exportaufträge, vor allem nach England, Frankreich und Deutschland, so daß er auch nach 1895 die Konkurrenz von Berliners technisch perfekterem Grammophon vorerst nicht zu fürchten brauchte.

1898 wurde das Gerichtsurteil über die Verkaufssperre in Amerika aufgehoben, und in Edisons Labor begann man mit der Erprobung eines großen Konzertphonographen, des „Amberol", in dessen Walze sich doppelt soviel Rillen einschneiden ließen wie in die bisherigen Walzen. Das ermöglichte eine Spieldauer von 4 Minuten wie bei der Schallplatte, so daß Aufnahmen klassischer Musik und Opernausschnitte, zu denen sich Edison unter dem Druck der Konkurrenz nun ebenfalls hatte bequemen müssen, ungekürzt gebracht werden konnten. Obwohl die Schallplatte sich ab 1907 zunehmender Beliebtheit erfreute, beharrte Edison noch jahrelang auf der Schallwalze, die er Berliners Schallplatte technisch überlegen hielt. Jede der Schallwalzen kostete nur 35 Cent, mit Liebesliedern und Negermelodien bespielt waren sie vor allem in ländlichen Gegenden immer noch gefragt. 1911 brachte Edison den „Blue Amberol" auf den Markt, dessen Walze aus einer verbesserten Wachsmischung 3000mal abgespielt werden konnte, ohne daß sich die Klangqualität merklich verschlechterte, wozu eine in Form und Befestigung durchdachte Diamantnadel wesentlich beitrug. Dieser riesige, im Wettlauf um die Gunst der Käufer entwickelte Konzertphonograph kostete bis zu 800 Dollar. Aber den meisten Gewinn brachte ein Phonograph für 20 Dollar, der in Massen produziert wurde. Die Phonographenfabriken bei West Orange arbeiteten in 2 Schichten. 1914 wies die Jahresbilanz der Edisonschen Phonographengesellschaft 7 Millionen Einnahmen aus. Aber schon 1912 hatte Edison eingesehen, daß die Schallplatte über die Walze triumphieren würde, und in vielen Versuchen einen harten glatten Preßstoff gefunden, der das störende Zischen bei Berliners Schallplatte ausschloß. In euphorischer Stimmung beteuerte er, daß er den Phonographen mit Schallplatte zum größten „musikalischen Instrument" machen würde.

Am 9. Dezember 1914 brannten die Laboratoriumseinrichtungen und Fabrikanlagen von West Orange nahezu völlig nieder. Edison war

67 Jahre alt, aber er fühlte sich „nicht zu alt, um von vorn anzufangen". Die großen Bankhäuser gewährten ihm jetzt bereitwillig Kredit. Für den Übergang kaufte er leerstehende Gebäude in West Orange, in denen schon 3 Wochen nach der Katastrophe die Produktion von Phonographen wieder anlief. Bereits 1915 waren die neuerrichteten Phonographenwerke voll betriebsfähig, wie überhaupt der Aufbau der gesamten Anlagen mit atemberaubender Geschwindigkeit vonstatten ging.

Im Frühjahr 1889, als er sich z. T. schon wieder anderen Dingen zuwandte, war Edison durch eine Explosion im Labor am Kopf verletzt worden. Nach diesem überaus anstrengenden Jahr fühlte er sich matt und zu keiner schöpferischen Arbeit fähig. Mina drängte ihn, einmal richtig auszuspannen, und als sie am 3. August ein Dampfer in Richtung Frankreich trug, waren sie beide ausgelassen wie Kinder. Sie reisten zuerst nach Paris zur Weltausstellung, Anziehungspunkt und Gesprächsstoff dieses Jahres. Schon im April hatten einige von Edisons Leuten auf einer etwa einen halben Hektar großen Fläche Modelle und Demonstrationsobjekte von Edisons bedeutendsten Erfindungen aufgebaut, unter anderem eine komplette Elektrizitätsverteilungsstation. Auf einem Sockel von 6 m Durchmesser erhob sich 12 m hoch das riesenhaft vergrößerte Modell einer Edison-Glühlampe. In Kaskaden aus hunderten farbigen Lämpchen leuchteten vom Sockelfuß beginnend die Flaggen Frankreichs und Amerikas, Edisons Name, die Jahreszahl 1889 und weiß die Riesenglühlampe auf. Von Modellen der verschiedenen Telegraphenapparate, der Matrizenvervielfältigung bis zum Dynamo und einer Querschnittsansicht des Edisonschen Elektroenergieverteilungssystems wurde dem überaus interessierten Publikum in Hallen und im Freien vorgeführt, was Edison zum technischen Fortschritt der Menschheit beigetragen hatte. Aber den Hauptanziehungspunkt bildete die Halle mit den Phonographenapparaten, in der von Dutzenden Walzen alle europäischen Sprachen klangen und die Besucher selbst Aufnahmen ihrer eigenen Stimmen machen konnten.

Schon bei ihrer Ankunft in Le Havre waren die Edisons von einer offiziellen französischen Regierungsdelegation begrüßt worden, und zahlreiche Reporter aus allen europäischen Ländern hatten um Interviews gebeten. In Paris empfing sie der Präsident Sadi Carnot im Elysée Palast und ernannte Edison zum Kommandeur der Französischen Ehrenlegion. Der in Paris weilende italienische König verlieh

ihm mehrere Orden, die Stadtverwaltung und die Zeitung „Le Figaro"
gaben ihm zu Ehren prächtige Empfänge, Alexandre Gustave Eiffel
lud ihn in sein Privatzimmer in der Spitze des Eiffelturmes ein und
Louis Pasteur in sein Institut. Edison gehörte zweifellos zu den
Attraktionen der Weltausstellung.

Von der Wundertrommel zum Kino

1886 zeigte der amerikanische Erfinder Eadweard Muybridge Edison das von ihm konstruierte Gerät, mit dem er Momentbilder verschiedener Bewegungsstadien von Pferden, Vögeln und anderen Tieren, mit vielen in einer Reihe aufgestellten Kameras aufgenommen, unter Ausnutzung der Trägheit des Auges in scheinbarer Bewegung zeigte. Edison kannte ein ähnliches Gerät, die Wundertrommel oder das Lebensrad, schon aus seiner Kindheit. Wenn er durch Schlitze in einen Zylinder geblickt und ihn dabei um seine Achse gedreht hatte, schienen sich die auf der Innenseite angebrachten Einzelzeichnungen eines Bewegungsablaufs auf das komischste zu bewegen. Nur waren bei Muybridge die Zeichnungen durch Fotobilder ersetzt worden. Soweit Muybridge und der Franzose Jules E. Maray, der eine Art fotografischen Trommelrevolver konstruiert hatte, dieses Prinzip auch weiterentwickelt hatten, die Möglichkeiten blieben begrenzt, weil mit ihrer Aufnahmetechnik nur ein einziger Gegenstand in Bewegung erfaßt werden konnte.

Edison ignorierte vorerst die Ergebnisse und Erfahrungen seiner Vorgänger. Zu William K. Dickson, der aus London zu ihm gekommen war und als passionierter Amateurfotograf begeistert auf Edisons Ideen einging und die gemeinsame Arbeit auch durch eigene erfolgreiche Experimente vorantrieb, sagte er, ihm schwebe ein Gerät vor, „welches für das Auge dasselbe wie der Phonograph für das Ohr tut". Bei seinem „Kinetographen" wurde eine Serie von Bildern in Abständen auf einen lichtempfindlichen Zylinder direkt aufgenommen. Dieser drehte sich ruckweise, hielt bei jeder Aufnahme an, wobei automatisch der Kameraverschluß ausgelöst wurde. Mittels einer Führungsschraube wurde der Zylinder längs der Achse verschoben, so daß die stecknadelkuppengroßen Bilder spiralenförmig um den Zylinder liefen. Ein Hemmnis für die Weiterentwicklung der Aufnahmetechnik sah Edison in den in der Fotografie gebräuchlichen starren, zerbrechlichen Glasplatten. Nachdem er selbst mit verschiedenen Materialien experimentiert hatte, probierte er die mit einer fotografischen Emulsion beschichteten leichten Zelluloidblätter, die ihm ein bekannter New Yorker Erfinder auf dem Gebiet der Fotografie, John Carbutt, zugeschickt hatte, sie ließen sich um einen großflächigeren Zylinder wickeln, so daß weit mehr und trotzdem größere Bilder aufgenommen werden konnten. Aber die Zylinderform erwies sich als Aufnahmefläche wenig geeignet, weil das provisorische Wiedergabegerät auf die gekrümmten Bilder nicht scharf eingestellt werden konnte. Deshalb verwarfen er und Dickson den Zylinder bald, zerschnitten die lichtempfindlichen Zelluloidblätter in Streifen, verbanden diese und zogen sie mit einem Mechanismus, der gleichzeitig den Kameraverschluß auslöste, im Abstand der Bildweite hinter der Kamera entlang. Neben Edison hatte George Eastman entscheidend daran gearbeitet. Eastmans Filmmaterial war widerstandsfähiger, dünner und flexibler und ließ sich dadurch rollen. Nachdem Edison diese Filme gesehen hatte, ließ er Eastman speziell für seinen Gebrauch 15 m lange, gut aneinandergeleimte Zelluloidstreifen herstellen.

Als nächstes entwarf Edison einen Mechanismus für die Kamera, der die Filmrolle in einer bestimmten Geschwindigkeit vorwärtsbewegte. Durch Rollen konnte der Filmstreifen nun im Abstand der Bildweite hinter der Kamera laufen und automatisch zurückgespult werden. Ein an der durch einen Motor oder mit der Hand drehbaren Welle befestigtes Zahnrad griff in die von Edison erstmalig verwandten Perforationen auf einer Seite des Films ein, ein Hemmechanismus erzeugte die ruckweise Bewegung des Films. Während der Film anhielt, wurde mittels eines ebenfalls durch die Welle betriebenen Drehverschlusses mit einer stets gleichen Belichtungszeit belichtet.

Diese Bildserien täuschten bei der Wiedergabe mit dem gleichen Gerät ganz gut eine fortlaufende Bewegung vor. Aber die Schwierigkeiten hörten damit nicht auf. Die Perforationen rissen durch die Zähne des Zahnrades ein, auch waren die ersten Eastman-Filme zu grobkörnig, und die Laufzeit war nicht länger als 12 Sekunden. Als das Publikum wenig später das „neue Mirakel des Zauberers" bestaunte, ahnte niemand, welch zahllose, ernüchternden Wege und Umwege Edison und seine Mitarbeiter hatten bewältigen müssen. Jedermann wunderte sich, wie einfach und doch vollkommen dieses Gerät funktionierte: Es produzierte Bilder und führte sie vor. Als Edison daran dachte, das Gerät verkaufsfähig zu machen, konstruierte er deshalb einen Guckkasten, „Kinetoscope" genannt, mit dem zum ersten Mal mit einem Vorführmechanismus von den Filmnegativen hergestellte Positive gezeigt werden konnten. In einem Behälter von beträchtlicher Größe waren Batterien und ein Motor untergebracht, der den Film aufspulte und die Beleuchtung steuerte. Blickte der Betrachter durch ein Okular an der Vorderseite des Gehäuses, sah er durch die Öffnung in einem sich drehenden Schirm jedes Bild des dahinterlaufenden Films nur kurz, und durch die Trägheit des Auges wurde der Eindruck der lebensechten Bewegung noch verstärkt. Das war sozusagen die erste „Filmschau" der Welt.

1890 baute Edison eine größere Aufnahmekamera, mit der auf einem breiteren Film mit weiterem Perforationsabstand zum ersten Mal sich bewegende Objekte so aufgenommen werden konnten, daß eine wirkungsvolle Wiedergabe möglich war. Sie war die monströse Urmutter aller heute benutzten Filmkameras. Auch die von Edison damals eingeführte Filmbreite von 35 mm entspricht noch einer derzeitigen Norm.

Als er sich 1883 mit den „Bewegten Bildern" zu beschäftigen begann, war er wie auch in den darauffolgenden Jahren von anderen schwierigen Unternehmen stark in Anspruch genommen. Sein Ausscheiden aus der Elektroindustrie, die Verbesserung des Phonographen und der Aufbau der Produktionsstätten dafür, das beginnende Projekt der Eisenerztrennung und zu allem die Leitung der Forschungsgruppen in West Orange zwangen ihn, die Experimente mit den bewegten Bildern zeitweise ganz Dickson und anderen Mitarbeitern zu überlassen. Die neugeschaffenen Geräte waren für ihn wie der erste Phonograph ein amüsantes experimentelles Spielzeug ohne kommerzielle Aussichten, eine Ansicht, die durch das Desinteresse einiger finanzkräftiger Leute, die er für die Entwicklung zu gewinnen suchte, nur bestärkt wurde. So ließ er den Kinetographen von 1889 weder in Amerika noch im Ausland patentieren und das Kinetoscope erst im Juli 1891 in Amerika. Die 150 Dollar Gebühren für europäische und englische Patentrechte waren ihm seine Erfindungen „nicht wert". Ein weiterer, für ihn finanziell folgenschwerer Fehler war es, die 1889 begonnenen Versuche mit projizierten Bildern nicht weiterzuführen, weil anfangs durch mangelhafte Filmqualität von den vergrößerten Bildern auf der Leinwand nicht viel mehr als flimmernde, zuckende Flecken zu sehen waren, während die Bildqualität im Guckkasten mehr befriedigte.

Erst 1893 wurde Edisons Anteilnahme an den „Bewegten Bildern" wirklich aktiv, als einige unternehmende Geschäftsleute Interesse an seinem Kinetoscope zeigten. Nun setzte er mit gewohnter Schnelligkeit einen bislang völlig geheim gehaltenen Plan in die Tat um. Inmitten der Laboratoriumsgebäude wuchs ein seltsames hölzernes Gebilde empor, dessen spitzes Dach so konstruiert war, daß es zur Hälfte aufgeschoben werden konnte, um Licht hereinzulassen. Die rund 15 m lange architektonische Mißgeburt saß auf einem Zapfen, durch den sie je nach der Sonnenstellung gedreht werden konnte. Innen waren die Wände mit schwarzem Papier verkleidet, ebenso die Bühne am Ende des einzigen langen Raumes. Es war eine Atmosphäre wie in einer Leichenhalle. Das war das erste „Filmstudio" der Welt, mit einem Kostenaufwand von 700 Dollar errichtet und fortan „Schwarze Maria" (amerikanische Bezeichnung für „grüne Minna") genannt. Aber vorerst boxte hier „Gentleman Jim", das amerikanische Boxidol jener Tage, jeden Kontrahenten k. o., hüpften französische Ballettmädchen und japanische Tänzer, zielten Messerwerfer, flogen die Federn im Hahnenkampf und agierte „Buffalo Bill" mit seinen Indianern im ersten „Western". Für eine Minute — solange liefen die ersten „Kurzfilme" — sonnten sich im weitesten Sinne des Wortes die Darsteller in der grellen natürlichen Bühnenbeleuchtung. Gegen den schwarzen Hintergrund zeichneten sich alle ihre Bewegungen scharf ab. Die Kamera ließ sich auch auf die Fenster des Laboratoriums und die vorüberführende Straße richten. Einer der ersten auf diese Weise entstandenen „Dokumentarfilme" zeigt, wie ein Mitarbeiter nach dem anderen zum täglichen Arbeitsbericht „gerannt" kommt, und an Gestik und Mimik sieht man deutlich, wie blitzschnell Edison seine Anweisungen gibt. Im ersten „Spielfilm" kämpften auf den unbebauten Parzellen um das Laboratoriumsgelände Buren gegen Engländer in Afrika.

Zwei Geschäftsleute, die bisher an Wettgeschäften und Theaterschauen verdient hatten, gründeten 1894 die Kinetoscope Company. Sie vereinbarten mit Edison, eine große Menge seiner Guckkästen, das Stück für 200 Dollar, zu kaufen und sie mit Filmen und Münzapparaten ausgestattet in „Kinetoscope-Salons" gegen Lizenzgebühren aufzustellen. Das erste Kino dieser Art wurde am 14. April 1894 am unteren Broadway eröffnet.

Weder Edison noch irgend ein anderer hatten vorausgesehen, daß dieses neue Massenunterhaltungsmedium genau mit den Neigungen und Ansprüchen von Millionen Menschen in der Welt übereinstimmen und keine andere Erfindung des 19. Jahrhunderts von solchem Einfluß sein würde. Aber während sich Edison weiterhin um die Verbesserung der Aufnahme- und Vorführgeräte und ihre profitable Produktion bemühte, kam ihm gar nicht der Gedanke, mit der Hebung der inhaltlichen Qualität der Filmstreifen etwas für den allgemeinen Kunstgeschmack zu tun. So wurde das künstlerische Niveau von Anfang an durch die Profitsucht der Filmproduzenten — nicht nur von Edison — und Filmverleiher gesetzt.

Während Edison 1894 trotz Drängens seiner Teilhaber, seinen Projektionsapparat von 1889 weiterzuentwickeln, im Kinetoscope unter erheblichen technischen Schwierigkeiten lebensgroße Bilder vorzuführen versuchte, liefen ihm andere Erfinder den Rang ab. Die Brüder Otway und Grey Latham hatten mit einer Lizenz der Kinetoscope Company ein Guckkastenkino recht gewinnbringend betrieben, dabei aber auch die Nachteile für das Publikum, das Laufen von Gerät zu Gerät nach Ablauf der einminütigen Vorführungsphase und das unbequeme Stehen vor dem Guckloch bemerkt. Sie schlugen Edison vor, die bewegten Bilder statt in Guckkästen mit einem Projektionsapparat auf einer Leinwand in einem großen Theater zu zeigen, wo die Leute sitzen könnten und die lästigen Unterbrechungen im Filmablauf wegfielen. Aber mit der gleichen Halsstarrigkeit, mit der er nach der Erfindung der Schallplatte auf der Phonographenwalze beharrt hatte, machte er auch gegen diesen Vorschlag erst einmal Einwände. Daraufhin begannen die Lathams, einen eigenen Projektionsapparat zu konstruieren.

Hatte Edison bis zu diesem Zeitpunkt noch den Überblick über alle Entwicklungen von Geräten zur Aufnahme und Vorführung bewegter Bilder gehabt, so entglitt er ihm jetzt durch den neuerlichen Wettlauf zwischen unzähligen Erfindern. Vom Mechaniker, Installateur bis zum Spezialisten versuchte jeder, einen Projektionsapparat für Edisons Filme zu konstruieren. J. E. Maray, Louis und Auguste Lumière in Frankreich, R. W. Pauls in England sowie Max Skladanowsky und Oskar Meßter in Deutschland hatten schon hervorragende Geräte entwickelt, die nach Amerika eingeführt wurden. Dadurch sank die Nachfrage nach Kinetoscopes, und Edison begann um seine 5jährigen Investitionen zu fürchten.

1895 verlor Edison seinen fähigsten Mitarbeiter auf diesem Gebiet, Dickson, an die Lathams. Deren noch verbesserungsbedürftiges Projektionsgerät war im Frühjahr 1895 unter der Bezeichnung „Panoptikum" auf dem Markt erschienen. Ihre Aufnahmekamera verletzte aufs unverschämteste Edisons Patente, so daß dieser bei Gericht Einspruch erhob, gleichzeitig aber nun genügend in Rage war, nun endlich den Bau eines eigenen Projektionsgerätes anzukündigen.

1896 rüstete Thomas Armat aus Washington sein Projektionsgerät „Vitascope" mit einem neuartigen Zahnradantrieb aus, der den Lauf-Halt-Rhythmus des Filmes zugunsten eines längeren Haltes veränderte, so daß nun jedes einzelne Bild länger auf der Leinwand beleuchtet und gesehen werden konnte. Die Kinetoscope Company erwarb sofort das Vorkaufsrecht für Armats Erfindung, zumal sich die Fertigstellung von Edisons Projektor immer wieder verzögerte. Als nächstes strebten sie eine Verbindung des Armatprojektors mit Edisons Aufnahmekamera an, die unter dem absatzsichernden Firmenzeichen der Edisongeräte verkauft werden sollten. Aber gleich nach der ersten Vorführung des neuen Projektors vor Zeitungsleuten in West Orange wurde das Vitascope als „Edisons neuester Triumph" in allen Blättern gefeiert, und bei der ersten öffentlichen Vorstellung in einem eleganten New Yorker Konzertsaal erntete Edison in seiner Loge den Applaus der begeisterten Zuschauer, Prominenten der Theater- und Geschäftswelt, während Armat in der Kabine das Gerät bediente. Trotzdem bedurfte es keiner Voraussicht mehr, daß dem Kino mit der Leinwand die ungeteilte Sympathie des Publikums gehören würde und den Produzenten der Filmgeräte und der Filme enorme Profite sicher waren.

Als 1897 endlich Edisons eigener Projektionsapparat funktionstüchtig war, erhielt Armat seine Patentrechte zurück, und Edison war nun für Jahre der bedeutendste Hersteller von Filmgeräten und Filmen. Für die Verfeinerung der Technik wie auch für die Leitung der Aufnahmen in der „Black Maria" blieb ihm keine Zeit mehr, der Aufbau und die Verwaltung der verzweigten Unternehmen nahmen ihn voll in Anspruch.

Zu allem setzte nun auch der Konkurrenzkampf mit voller Wucht ein, Patentanfechtungen, jahrelange Prozesse um das Ersterfindungsrecht. Da behaupteten die Lathams, Dickson hätte die eigentliche Erfinderarbeit geleistet, und überhaupt wäre an Edisons Erfindung nichts, was nicht zuvor schon von anderen gemacht worden wäre. Die Mutascope Company beschuldigte ihn, Armats Vitascope kopiert zu haben, Biograph, Vitagraph und wie sich die wie Pilze aus der Erde geschossenen Unternehmen zur Ausbeutung der zahlreichen einander sehr ähnlichen Filmgeräte nannten, prozessierten gegen ihn oder er gegen sie. Diese

Firmen hatten häufig amerikanische Patentrechte französischer und englischer Erfinder erworben, die durch Edisons zu späte Patentabsicherung im Ausland seine Ideen aufgegriffen, zum Teil auch kopiert, die Erfindung aber gleichfalls weiterentwickelt und auch verbessert hatten. Edison behauptete niemals, die Kinotechnik allein erfunden zu haben. Aber er verstand es, wie schon bei anderen Erfindungen, bereits vorhandene Materialien und Mechanismen so zu kombinieren und spezifisch neu anzuwenden, daß seine Geräte funktionstüchtige Weiterentwicklungen waren.

Beim Filmverkauf und -verleih spielte sich Ähnliches ab, skrupellos wurden Filme ohne Einwilligung und Bezahlung der Eigentümer kopiert. Erst 1907, nach 10jährigen zermürbenden Prozessen, wurde Edison vom Bundesgerichtshof in Chicago der rechtmäßige Anspruch auf seine Patente von 1891 bestätigt. Daraufhin schlugen die anderen Gesellschaften die Schaffung eines Trusts zur zentralen Kontrolle der Filmgeräte und Filmherstellung sowie des Verleihs vor. 8 amerikanische und 2 ausländische Gesellschaften schlossen sich zur Motion Picture Patents Corporation zusammen, verpflichteten sich, Edisons Patente anzuerkennen, und zur Zahlung von Lizenzgebühren an ihn.

Auch die Kinos in Amerika mußten dem Trust wöchentlich Lizenzgebühren für jedes Projektionsgerät zahlen und wurden regelmäßig vom Trust mit Filmen versorgt. Dagegen wehrten sich unabhängige Filmgesellschaften, wie die von William Fox u. a., aber bis ihrem Einspruch stattgegeben und der Patenttrust und das ihm unterstehende Verteilersystem 1917 auf Anordnung des Obersten Gerichtshofes der USA aufgelöst werden mußten, heimsten die Beteiligten ungeheure Gewinne ein, die Edison-Filmgesellschaft allein 1 Million Dollar jährlich an Lizenz- und Patentnutzungsgebühren.

Von Anfang an hatte Edison die Idee gehabt, „tönende Bilder" zu machen. Die Filmrolle und ein Phonograph sollten synchron durch denselben Motor bewegt werden, der die Kamera antrieb. Dann würden sich Tänzer im Rhythmus der Musik bewegen oder Stimmen die Handlung des Films begleiten. Nach ersten 1889 nicht weitergeführten Experimenten versuchte er 1911 den großen Konzertphonographen „Julius Cäsar" mit einer Vorführungsapparatur zu koppeln, aber die Phonographenwalze war nach 7 Minuten abgelaufen, während ein Stummfilm schon 1 Stunde lief. So blieb das „Kinetophon" in seinen Anfängen stecken. Erst Elektronenröhren und Fotozelle eröffneten nach 1920 den Weg zum Tonfilm.

Erfindungen, die keiner wollte

Neben vielen anderen Erfindungen bewältigte Edison in den Jahren
von 1890 bis 1910 einige zusammenhängende Projekte von industriellen Ausmaßen, die magnetische Erzabscheidung, die Zementerzeu-
gung und die Produktion von Betonfertighäusern. Ersteres hatte einen
originellen Ausgangspunkt. Um die übermäßige Anspannung beim
Aufbau des ersten Elektroenergieverteilungsnetzes 1882 einmal für
kurze Zeit zu lockern, unternahm Edison mit seinen Assistenten eines
Tages einen Angelausflug zur Küste von Long Island. Überrascht
stellte er fest, daß der dort in Massen verbreitete schwarze Sand von
einem Magneten angezogen wurde. Eine Nachprüfung ergab, daß der
Sand 20% reines Eisen enthielt. Ein Versuch mit einem von Edison
entwickelten elektromagnetischen Eisenabscheider kam aber nicht
mehr zustande, da ein Sturm den schwarzen Sand ins Meer gespült
hatte.

Erst rund 10 Jahre später kam Edison auf dieses Projekt zurück. Die
Forderung dieser Jahre nach Eisenerzen höherer Konzentration und
Edisons Ausscheiden aus der Elektroindustrie, das ihm 1889 als
Abfindung viel Geld einbrachte, ließen den Gedanken reifen, die
Vorkommen von Magnetit entlang der Grenze von New Jersey und
Pennsylvania aufzuschließen. Neben den längst ausgebeuteten reichen
Erzen waren dort riesige Lagerstätten armer Eisenerze in Form von
Felsen zurückgeblieben, die in der Nähe der Zentren der Eisen-
industrie der amerikanischen Ostküste lagen. Um diese Eisenerze mit
einem Gehalt von ungefähr 10% reinen Eisens auf magnetischem
Wege zu konzentrieren, mußten von Edison und seinen Mitarbeitern
neue Maschinensysteme entwickelt werden, deren wichtigste die zum
Zerkleinern und Pulverisieren des Erzes und zur magnetischen Ab-
scheidung des Eisenerzes von taubem Gestein waren.

In der Nähe von Ogdensburg im Staate New Jersey wurde der Indu-
strieort Edison errichtet, in dem zuerst rund 150 Arbeiter wohnten.
Vorher hatte Edison meist in einem warmen Heizungsraum über-
nachtet. Für Jahre kehrte er nur sonnabends nach Hause zurück. Nach
2jähriger Vorbereitung zur Konstruktion neuartiger Maschinen be-

gann die Produktion des „Ogden Baby", wie Edison seine neue
Unternehmung nannte. Felsenblöcke von solcher Größe, daß Inge-
nieure behaupteten, sie würden eher die Zerkleinerungsmaschine zer-
malmen, wurden mit Förderkübeln zu deren oberer Öffnung befördert.
Von hier aus fielen sie zwischen sich gegeneinander drehende Eisen-
walzen, die durch einen speziellen Reibungsmechanismus ihre Kraft
auf die Blöcke übertrugen, so daß diese aneinanderprallten und bis auf
Kopfgröße zertrümmert wurden. Transportbänder beförderten das
Erz zu weiteren Anlagen, die die Steine pulverisierten. Über einen
Trockner gelangte das Pulver in den Erzabscheider, wo es durch
verschiedene Siebe an 480 stufenweise verstärkten Elektromagneten
vorbeifiel, die die eisenhaltigen Partikel ablenkten, während der taube
Sand gerade herunterfiel. Da das Pulver beim Transport Schwierigkeiten bereitete, wurde es mit einem Bindematerial zu Briketts gepreßt. 1892 liefen die ersten Versuche mit Erzbriketts in den Hoch-
öfen. Da sie ungünstig ausfielen, verbesserte Edison die Brikettie-
rungsanlagen.
Während der folgenden 3 Jahre der Wirtschaftsdepression ging die
Nachfrage nach Eisenerzen zurück. Edison jedoch rekonstruierte seine
Anlagen und war 1896 in der Lage, konzentriertes Eisenerz zu liefern.
1897 erhielt er große Aufträge der Bethlehem Stahlindustrie für 1 000
bis 1 500 Tonnen Briketts pro Tag. Da aber der Marktpreis für
Eisenerz weiter zurückgegangen war, konnte er nur bei voller Aus-
lastung seiner Anlagen ohne Verlust produzieren. 400 Männer arbeiteten im Herbst und Winter 1898 an den Anlagen, oft durch
Schneestürme und Frost behindert. Eines Tages in diesen Monaten
voller Anstrengungen brachte Edisons alter Mitarbeiter Batchelor die
Nachricht, daß in Minnesota der Abbau der kürzlich aufgefundenen
Lagerstätten hochwertigen Eisenerzes im Tagebau begonnen hatte,
der den Preis für Eisenerze weit unter den für Edison möglichen
drückte. Angesichts dieser Botschaft soll Edison lachend ausgerufen
haben: „Es dürfte sich empfehlen, den Laden zu schließen."
Er hatte ungefähr 2 Millionen Dollar in das Unternehmen gesteckt und
seine Gesellschaft noch mehrere 100 000 Dollar Schulden. Als er hörte,
daß die Aktien der General Electric stark gestiegen waren, fragte er
einen Vertrauten, was seine Aktien heutzutage noch wert wären, wenn
er sie nicht verkauft hätte. Ungefähr 4 Millionen Dollar, erhielt er als
Antwort. Edison hatte nicht nur 5 Jahre seines Lebens, sondern auch
sein Vermögen verloren. Trotzdem wollte er die Jahre im Bergwerk

nicht missen, wo — wie er sagte — harte Arbeit, frische Luft, einfache Kost und nichts, was seine Gedanken ablenkte, das Leben angenehm machten.

Als er 1899 als 53jähriger nochmals nach Ogdensburg zurückkehrte, um den Abbau der Maschinen anzuordnen, wäre ein anderer verzweifelt gewesen, aber er steckte schon voller neuer Ideen. Die von ihm und seinen Mitarbeitern vervollkommneten Gummitransportbänder, die Zerkleinerungs- und Erdbewegungsmaschinen schienen ihm geeignet, ein Werk für die Produktion von Portlandzement aufzubauen. Mit seinen neuerworbenen Kenntnissen über Großmaschinen dachte er an ein großzügiges modernes Projekt nach eigenen Entwürfen. Damit wollte er auch die Schulden seiner liquidierten Erzabscheidungsgesellschaft abtragen. Während der Forschungen über einen neuen Akkumulator beschäftigte er sich nebenher mit allerlei Problemen, aber besonders studierte er über Jahre hinweg die der Zementindustrie. Im Jahre 1906 war es soweit. Gewinne aus der Phonographen- und der Filmindustrie ermöglichten die Überführung der Maschinerie von Ogdensburg nach einem Kalkfelsengebiet in Ostpennsylvania und den Aufbau eines neuen vergrößerten Typs von Brennofen. Was Edisons Portlandzement gegenüber anderen Produktionen auszeichnete, war eine größere Druckfestigkeit, die durch genaueres Wiegen und Mischen sowie die Anwendung feinmaschiger Siebe erreicht wurde. Aus dem in seiner Fabrik hergestellten besseren und trotzdem billigeren Zement entwickelte Edison eine sehr gut fließende Betonmischung.

Daraus erwuchs ihm ein neuer kühner Plan: Edison wollte Betonhäuser mit gußeisernen Formen gießen, die mit speziellen Baumaschinen in 6 Stunden aufgebaut werden sollten. Sein 1908 eingereichtes Patent sah ein System von Formen vor, die vom Dach bis zum Boden außen und innen zusammengesetzt werden sollten. Wurde in die oben offenen Formen Beton gegossen, entstanden vollständige Häuser mit Treppen, Türen und Fensteröffnungen sowie Schächten für die Licht- und Wasserversorgung. Baufachleute glaubten, daß sich die schweren Bestandteile des Betons absetzen oder ungleich in den Formen verteilen würden, Edison hatte jedoch der Mischung eine leimartige kolloide Substanz zugesetzt, die einen gleichmäßigen Fluß und gleichartige Verteilung gewährleistete. Schließlich wurden in der Nähe von West Orange mehrere Häuser errichtet, in denen einige Mitarbeiter mit ihren Familien zur Probe wohnten. Sie waren nicht besser und

9 Betongießhaus

schlechter als andere billige Häuser dieser Zeit. Einige Mängel schienen sich leicht beheben zu lassen. Jedoch fanden sich keine Produzenten, so daß Edison das Projekt, das ihn bereits 100 000 Dollar gekostet hatte, wieder fallen lassen mußte. Seine Absicht, Reihenhäuser in großer Zahl zu billigen Preisen zu produzieren, fand in der kapitalistischen Gesellschaft der Jahrhundertwende keine Unterstützung. Mit seinem Portlandzement, der bei der großen Verbreitung der Stahlbetonkonstruktion in den USA Verwendung fand, hatte Edison große Gewinne erzielt, aber an dem sozialen Problem der Konstruktion billiger Häuser mußte er scheitern. Erst rund 30 Jahre später kam man auf ähnliche Methoden beim Häuserbau zurück.

Als um 1890 aus Europa das Benzinauto in Amerika eingeführt wurde, sagte Edison das Elektroauto voraus, das gegenüber dem Benzinauto leicht zu bedienen und ruhig und ohne Abgase laufen würde. Trotz seiner vielen Projekte um die Jahrhundertwende ließ er den Plan eines Elektrowagens nicht aus den Augen. Nach dem Scheitern des Erztrennungsprojektes sagte er einmal: „Ich habe genug Ideen, die Bank von England auszuheben." Das Kernstück eines Elektrowagens war eine leistungsfähige Akkubatterie, die auch für das Benzinauto unentbehrlich war. Seine Bekanntschaft mit Henry Ford regte ihn an, eine Akkubatterie mit geringem Gewicht, langer Gebrauchsdauer, großer Leistung und Kapazität (Energiedichte) zu schaffen, die unempfindlich gegen Erschütterungen und leicht zu laden wäre, Eigenschaften, die die Bleiakkus nicht aufwiesen. Ab 1900 wurde die Akkubatterie zum Forschungsgegenstand Nr. 1 in den Labors von West Orange. Hier beschäftigte Edison jetzt rund 90 Mitarbeiter. Hunderte von Versuchen mit verschiedenen Elektroden und Kalilauge zeigten, daß die Leistung der Batterie zu rasch sank. In einer besonderen Abteilung wurden Nickel und Eisen gereinigt, um Fortschritte zu erzielen. Daß die empirische Forschung nach Edisons Arbeitsstil gerade bei diesem Problem zu Schwierigkeiten führte, brachte einmal der Chefchemiker gegenüber Edison zum Ausdruck. „Beim Phonographen konnte man Augen und Ohren benutzen, aber bei der Batterie können wir die Schwierigkeiten weder sehen noch hören, sondern wir müssen unser geistiges Auge benutzen."

Da aber auch die chemische Theorie kaum Hilfe leisten konnte, wurde weiter empirisch in Richtung auf die Vervollkommnung der Elektroden experimentiert. Das Ergebnis war eine vollständig neue Batterieform, die als positive Elektrode ein Gemisch von Graphit und

Nickelhydroxid und als negative Elektrode feinverteiltes Eisen in „Taschen" enthielt. Diese stabilen Batterien warf Edison zum Fenster hinaus und setzte sie periodischen Erschütterungen aus, um ihre Haltbarkeit zu prüfen. In einem Propagandafeldzug wurde die Überlegenheit der neuen Batterie über den Bleiakku demonstriert. Edisons Sohn Charles fuhr in einem mit einer Nickel-Eisen-Batterie ausgerüsteten Auto in hoher Geschwindigkeit über Stock und Stein.

Für die Experimente und den Aufbau der Akkumulatorenfabrik hatte Edison eine Anleihe von 500 000 Dollar aufnehmen müssen. Als die Produktion anlief, kamen die ersten Beschwerden der Autofirmen, daß die Batterien im Gebrauch rasch an Leistung verlören, was offenbar auf undichte Behälter zurückzuführen war. Trotz vorliegender Aufträge von Autofirmen stoppte Edison die Produktion und nahm alle Batterien zurück. Edison sagte, daß die Fabrik erst weiterarbeiten werde, wenn der Fehler gefunden sei. Aus seinen Einnahmen für Kinoapparate nahm er die Mittel, die Versuchsreihen in 3 Richtungen fortzusetzen: Verbesserung der Behälter, Verfeinerung der Eisenelektrode und Vervollkommnung der Nickelhydroxidelektrode. In über 10 000 Versuchen in den Jahren von 1905 bis 1908 wurde die gesamte Zelle durchkonstruiert und dabei Hunderte von Beimischungen zu dem Elektrolyten ausprobiert. Erst 1909 begann die Batteriefabrik wieder zu arbeiten.

Da die Batterie wegen ihrer geringeren Spannung und der Anfälligkeit des Elektrolyten gegen Kälte — im Gegensatz zum Bleiakku — nicht als normale Autobatterie verwendet werden konnte, hoffte Edison, sie für ein elektrisches Auto nutzen zu können. Aber bald zeigten sich wegen ihres geringeren Gewichts, ihrer Unempfindlichkeit gegen Erschütterungen und langes Lagern ohne Stromentnahme neue Anwendungsmöglichkeiten. Signalanlagen der Eisenbahn und die im ersten Weltkrieg aufkommenden transportablen Funkgeräte wurden damit ausgerüstet. Als Edison die Eignung seiner Batterien für Unterseeboote Marineoffizieren demonstrierte, sagte er ihnen, daß sie die Batterien nur sauber halten und nach Bedarf Wasser zugeben müßten, um auch nach 4 Jahren ihre volle Leistungsfähigkeit zu erhalten. Auf das Erstaunen der Offiziere erwiderte Edison: „Ja, 4 Jahre, 8 Jahre, sie werden das U-Boot selbst überleben." Bis heute hat der Edison-Akku nichts an seiner Bedeutung eingebüßt.

Der Mythos Edison

Als Edison 1914 von einem Reporter nach seiner Meinung über den ersten Weltkrieg gefragt wurde, sagte er: „Dinge zu machen, die Menschen töten, ist gegen meinen Charakter." Seine pazifistische Grundeinstellung revidierte er, als deutsche U-Boote amerikanische Schiffe versenkten. Auf seinen Vorschlag wurde bei der Kriegsmarine ein wissenschaftlicher Beirat gebildet, dessen Vorsitz er innehatte. Seine vielen Vorschläge für die Verteidigung gegen U-Boot-Angriffe waren jedoch meist unvollkommen oder unausführbar.

Der Mangel an bisher aus Deutschland und England importierten Kohlenwasserstoffderivaten, Benzol und Anilinfabrikaten veranlaßte Edison, 1915 spontan chemische Fabriken für diese Stoffe einzurichten, die in seiner eigenen Phonographenproduktion, aber auch in der Textil- und Sprengstoffindustrie dringend gebraucht wurden. Bei diesen Bemühungen handelte er in dem guten Glauben, das Vaterland zu verteidigen. Den Charakter dieses imperialistischen Krieges als Ausdruck der kapitalistischen Widersprüche beim Kampf um die Neuaufteilung der Welt vermochte er wie viele andere nicht zu durchschauen.

Weitaus kritischer stand er dem sich ausbreitenden Monopolkapitalismus gegenüber. Aus eigenen bitteren Erfahrungen mit betrügerischen Kapitalisten hatte er schon früh die Machenschaften der Geldmakler, Spekulanten und Bankiers angeprangert. „Wir müssen uns von dem schrecklichen Geldübel befreien", sagte er, und angesichts seines eigenen Erfindungsreichtums und den sozialen Bestrebungen in den USA argumentierte er, daß „die menschliche Sklaverei nicht abgeschafft werden könne, bis nicht jede jetzt durch die menschliche Hand erfüllte Aufgabe von einer Maschine übernommen würde". Edison sah den menschlichen Fortschritt hauptsächlich im technischen Fortschritt; daß damit eine Änderung der Gesellschaftsordnung verbunden sein muß, blieb ihm verschlossen.

1911 hatte der 64jährige Erfinder alle seine Betriebe unter seinem Namen zu einer Gesellschaft vereinigt, einem der bedeutendsten kapitalistischen Familienunternehmen. Jedoch führte er z. B. in seinen

Betrieben das auf erhöhte Ausbeutung der Arbeiter zielende Taylorsystem nicht ein. Dadurch unterschied er sich von Henry Ford und anderen amerikanischen Monopolkapitalisten der Jahrhundertwende, die durch skrupellose Antreiberei Maximalprofite herauszupressen suchten. Ford sagte deshalb über ihn: „Er war der Welt größter Erfinder und schlechtester Geschäftsmann." Edison war in vielem der Lehrmeister Fords gewesen. Edisons Fähigkeit, hart zu arbeiten und seine Arbeiter zu großen Leistungen anzuspornen, seine Forcierung der Kostensenkung bei der Glühlampenproduktion und nicht zuletzt die Anwendung von Transportbändern beim Erzabbau hatten Ford zu eigenen Überlegungen über Möglichkeiten der Produktionserhöhung inspiriert. Mit der Einführung des Fließbandsystems hatte Ford aber Edisons Ansätze zur Produktionssteigerung durch verbesserte Technik zu einem System erhöhter Ausbeutung des Menschen mißbraucht.

Edison hatte auch zu anderen gesellschaftlichen Problemen, wie religiösen und Erziehungsfragen, eine eigene unverwechselbare Meinung. Als er gefragt wurde, was ihm Gott bedeute, erwiderte er: „Ein persönlicher Gott bedeutet absolut nichts für mich." Und er ging noch weiter, als er erklärte, daß er den Aberglauben verabscheue und daß Billionen von Predigern nicht Naturkatastrophen oder die Leiden der großen Kriege lindern oder verhindern könnten.

Edisons Auffassungen über Erziehung und Ausbildung gründeten sich auf eigene Erfahrungen. Anwendungsbereitem Wissen über die Natur und Maschinen gab er gegenüber humanistischer Bildung den Vorzug. Er schlug vor, Filmvorführungen und mehr praktische Arbeit in den Schulunterricht einzuführen. Weithin bekannt geworden sind seine Intelligenztests für Bewerber um eine Anstellung in seinem Labor. Seiner Meinung nach mußten gute Arbeiter oder Angestellte ein verläßliches Gedächtnis und „nützliches" Wissen besitzen. Die von Edison an Tausende von Personen übergebenen Intelligenzfragen wie: Wo wächst die feinste Baumwolle? Wo liegt Korea? Welches Gewicht hat die Luft in einem Raum von $20 \times 30 \times 10$? erbrachten das Ergebnis, daß nur 10% der Befragten mit College-Bildung gerade so bestehen konnten. Die Leute sind so unwissend, konstatierte Edison. Aber angesehene Pädagogen traten ihm mit der Meinung entgegen, daß er zu großen Wert auf Tatsachen lege und Begründungen und das Auffinden von Zusammenhängen außer acht lasse. Als er sich selbst einem solchen Test unterzog, waren seine Antworten zu 95% richtig.

Der Mythos um Edison als „nützlichsten Bürger Amerikas" hatte schon begonnen, als 1879 eine erste Biographie über ihn erschien. Das ist um so erstaunlicher, da er weder ein großer Staatsmann noch ein berühmter Künstler war. Sein Ansehen rührte vielmehr daher, daß er auf den verschiedensten Gebieten Erfolge erzielte und mitunter noch nicht ausgereifte, aber reale Voraussagen über die Entwicklung in Wissenschaft und Technik machte. Zukunftsschriftsteller griffen seine Visionen auf und schrieben darüber erfolgreiche Romane.

Jede neue Entdeckung reizte Edison. So erfand er beispielsweise 1896

10 Edison vor seiner Gedenktafel in Menlo Park (1925)

für die Röntgenstrahlen nach 8000 Versuchen einen neuen Fluoreszenzschirm, das Fluoroskop, das die Röntgenbilder besser wiedergab. Sein Ruf als „Zauberer" der Erfindung ging so weit, daß man ihm beispielsweise die Konstruktion eines Hemdes zuschrieb, das 12 Monate und länger getragen werden könnte, da es aus 365 dünnsten Lagen eines fasrigen Materials bestände, von denen sich allmorgendlich eine abtrennen ließe. Tatsächlich wurden Edison in seinem Leben über 1000 Patente erteilt. Trotz verschiedener Altersleiden stellte der 84jährige mit der ihm eigenen Ausdauer und Freude an der Arbeit bis wenige Wochen vor seinem Tode Forschungen an, wie man statt des in Nordamerika nicht gedeihenden Gummibaumes eine andere Pflanze für die Gewinnung von Kautschuk züchten könne.

Am 18. Oktober 1931 starb Thomas Alva Edison. Am Abend seines Begräbnisses wurde überall in Amerika zu seinem Gedenken für kurze Zeit das elektrische Licht ausgeschaltet.

Überblickt man sein gesamtes Schaffen, wird man unwillkürlich zu der Frage gedrängt, ob Edison ein Erfinder oder ein Wissenschaftler war. Seine oberflächlichen naturwissenschaftlichen Kenntnisse hinderten ihn durchaus nicht, auch physikalische Entdeckungen zu machen. Sein besonderes Verdienst lag aber darin, daß er vorliegende Resultate der Naturwissenschaften für die Industrie auswertbar machte. Mit seiner Kenntnis der Eigenschaften von Werkstoffen sowie mechanischer und elektrischer Zusammenhänge schuf er die Brücke zwischen reiner und angewandter Wissenschaft, zwischen Theorie und Praxis. Vielleicht gehört deshalb eine nicht zu patentierende Erfindung zu Edisons größten Entdeckungen: Ihm gelang es, bei und mit ihm arbeitende Wissenschaftler auf die Probleme der technisch brauchbaren Erfindung zu lenken, so daß sie die Anwendung und Aufbereitung wissenschaftlicher Erkenntnisse für die Produktion als ihre Berufsaufgabe betrachteten. Damit hat er, insbesondere in der Elektrotechnik, zur Herausbildung des Typs des industriellen Wissenschaftlers entscheidend beigetragen. In Anerkennung seiner Verdienste wurde er 1927 zum Mitglied der Nationalen Akademie der Wissenschaften der USA gewählt.

Edison hat auf die Frage, woher sein außergewöhnlicher Erfolg rühre, die verschiedensten Antworten gegeben. Alle, die ihm andichteten, ein „Zauberer" zu sein, dem die Ideen nur so zufielen, wies er energisch zurück. Er wußte wohl um den Wert gut durchdachter Überlegungen, aber er hatte erfahren, daß bei der Ausführung der Idee zu einer

Erfindung Berge von Schwierigkeiten zu überwinden waren, jeder kleine Schritt vorwärts oft unzählige Versuche erforderte und viele Irrwege möglich waren. Nur wer nicht aufgab, konnte zeigen, daß sich der Fleiß gelohnt hatte. Das bestätigte er öfter recht drastisch, als er, befragt, ob er ein Genie sei, mit Nachdruck erwiderte: „Genie ist 99% Transpiration und 1% Inspiration."

Literatur (Auswahl)

Biographien

[1] Runes, D. D. (Hrsg.): The diary and sundry observations of Thomas A. Edison. New York 1948.
[2] Dyer, F. L.; Martin, D. C.; Meadowcroft, W. H.: Edison. His life and inventions. New York 1929.
[3] Bryan, G. S.: Edison. The man and his work. London, New York 1926.
[4] Jones, F. A.: Thomas Alva Edison. 60 Jahre aus dem Leben eines Erfinders. Frankfurt (Main) 1909.
[5] Crowther, J. G.: Edison. In: Famous American men of science, London 1937, S. 301 – 400.
[6] Josephson, M.: Edison. New York, Toronto, London 1959.
[7] Matschoß, C.: Thomas Alva Edison. In: Große Ingenieure, München, Berlin 1937, S. 281 – 296.
[8] Hylander, C. H.: Thomas Alva Edison. In: Amerikanische Erfinder, München 1947, S. 134 – 146.
[9] Garbedian, H. G.: Thomas Alva Edison. Wien 1949.
[10) Simonds, W. A.: Edison, his life, his work, his genius. Indianapolis 1934.
[11] Nerney, M. C.: Edison, modern olympian. New York 1934.
[12] Jehl, F.: Menlo Park reminiscenses. Dearborn (Michigan) 1938.

Allgemeine Literatur

[13] Autorenkollektiv: Geschichte der Technik. Leipzig 1964.
[14] A history of technology. Ed. by C. Singer. Vol. 5. Oxford 1956.
[15] Oliver, J. W.: Geschichte der amerikanischen Technik. Düsseldorf 1959.
[16] Karras, Th.: Geschichte der Telegraphie. Braunschweig 1909.
[17] Sattelberg, K.: Vom Elektron zur Elektronik. Berlin (West) 1971.
[18] Schreier, W.: Zur Herausbildung der Elektrotechnik – ein Beitrag über Wechselwirkungen zwischen Elektrizitätslehre und elektrotechnischer Produktion. NTM Schriftenreihe für Geschichte der Naturwissenschaften, Technik und Medizin 14 (1977) H. 2, S. 73 – 83.
[19] Jaffe, B.: Men of science in America. New York 1958.
[20] Struik, D. L.: The origines of American science. New York 1957.
[21] Bernal, J. D.: Die Wissenschaft in der Geschichte. Berlin 1967.

Personenregister

Weitere wichtige Persönlichkeiten
aus der Geschichte der Elektrizität:

Band 5

Prof. Dr. Dr. Wilhelm Schütz†

Michael Faraday

70 Seiten mit 8 Abbildungen
Kartoniert 4,35 M; Ausland 6,80 M
Bestell-Nr. 665 165 0   Bestellwort: Schuetz, Faraday

Inhalt:

Band 62

Dr. Lothar Dunsch, Dresden

Humphry Davy

75 Seiten mit 8 Abbildungen
Kartoniert 4,80 M; Ausland 6,80 M
Bestell-Nr. 666 111 1   Bestellwort: Dunsch, Davy

Inhalt:

BSB B. G. TEUBNER VERLAGSGESELLSCHAFT

Techniker in dieser Reihe

Band	Autor und Titel	Preis	Bestell-Nr.
11	Kauffeldt: O. v. Guericke	5,60	665 663 8
21	Astaschenkow: S. P. Koroljow	10,–	665 778 8
25	Wächtler/Mühlfriedel/Michel: E. Rammler	5,–	665 775 3
31	Kaiser: J. A. Segner	4,50	665 840 6
32	Sittauer: N. A. Otto und R. Diesel	6,40	665 883 6
37	Kästner: J. Gutenberg	3,50	665 866 8
43	Kosmodemjanski: K. E. Ziolkowski	10,50	665 930 2
51	Richter-Meinhold: H. Bessemer und S. G. Thomas	4,80	666 039 7
52	Kirchberg/Wächtler: C. Benz, G. Daimler, W. Maybach	6,80	666 042 6
53	Sittauer: J. Watt	6,80	666 038 9
59	Sittauer: F. G. Keller	6,80	666 092 8
61	Engewald: G. Agricola	6,80	666 113 8
63	Kant: A. Nobel	6,80	666 152 5
68	Beckert: J. Beckmann	6,80	666 151 7
71	Herneck: H. W. Vogel	6,80	666 193 9
75	Guntau: A. G. Werner	6,80	666 196 3
77	Grabow: S. Stevin	6,80	666 250 1